青少年环境与科学知识读本

水的足迹

令人震惊，每天有多少水用于制造日用品

[加] 斯蒂芬·莱希（Stephen Leahy） 著　车向前　译

中国轻工业出版社

水的足迹

令人震惊，每天有多少水
用于制造日用品

［加］斯蒂芬·莱希（Stephen Leahy）著

车向前 译

图书在版编目（CIP）数据

水的足迹：令人震惊，每天有多少水用于制造日用品 /（加）斯蒂芬·莱希（Stephen Leahy）著；车向前译. —北京：中国轻工业出版社，2024.5
ISBN 978-7-5184-4603-2

Ⅰ.①水… Ⅱ.①斯… ②车… Ⅲ.①水资源保护—青少年读物 Ⅳ.①TV213.4-49

中国国家版本馆CIP数据核字（2023）第233962号

审 图 号：GS京（2024）0292号

责任编辑：江 娟　　封面插画：王超男
文字编辑：杨 璐　　责任终审：李建华　　设计制作：锋尚设计
策划编辑：江 娟　　责任校对：朱燕春　　责任监印：张京华

出版发行：中国轻工业出版社（北京鲁谷东街5号，邮编：100040）
印　　刷：鸿博昊天科技有限公司
经　　销：各地新华书店
版　　次：2024年5月第1版第1次印刷
开　　本：889×1194　1/16　印张：8.25
字　　数：60千字
书　　号：ISBN 978-7-5184-4603-2　定价：65.00元
邮购电话：010-85119873
发行电话：010-85119832　010-85119912
网　　址：http://www.chlip.com.cn
Email：club@chlip.com.cn
版权所有　侵权必究
如发现图书残缺请与我社邮购联系调换
200218E1X101ZYW

目　录

概述

本书插图系原文插图

你知道你正把水穿在身上吗？单单制造一条牛仔裤就要用掉7600余升水，而制造一件T恤衫则要用掉2460升水。你同时也在食用着水。早上的那杯咖啡需要140升水才能来到餐桌上——水被用于咖啡豆的生长、加工和运输。如果你喝咖啡时还吃了面包片、两个鸡蛋和一些牛奶，那么你早餐的水消耗就会有约700升。

家具、房屋、车辆、道路、建筑——我们生产的几乎每件产品在制造过程中都会用到水。当我们花钱购买食物、衣服、手机甚至电力时，我们都在购买水，大量的水。用煤炭、石油、天然气以及核能或水力进行发电，是水在世界上的第二大用途，仅次于生产食物。纸制品也是一个耗水量大的产业。

我们被水的隐形世界包围着，这些看不到的水称为"虚拟"水或"概念"水。尽管我们看不到用来制造T恤衫、沙发或电视的水，这些水仍然像我们饮用或洗澡用的水一样真实。我们每个人要用到的虚拟水都远比我们能看到、感觉到和品尝到的"常规"水要多。

根据统计，普通美国人每日洗澡、冲厕所、洗衣、做饭和饮用的直接用水（"常规"水）约为378升。我们平均每天吃饭、穿衣和使用物品消耗的虚拟水

为7500升。这意味着美国人平均的"水足迹"——直接用水与虚拟淡水使用总量，约为每日8000升。由于1升水重1千克，如果你想从井里打出全部日常用水，需要提起的质量相当于4辆汽车。

由于过度消耗的习惯，一个北美人每日的水足迹（直接用水与虚拟水）是全球平均值的2倍以上。

一瓶可乐的水足迹

为了更好地了解虚拟水和水足迹的概念，让我们来看一种受欢迎的产品：瓶装可乐。可乐几乎完全

全球水循环

本质上不存在水从全球水循环中"永久消除"这样的事情（因为所有水分子都呈液态、固态或气态形式，并且循环是无止境的），在本书中，"耗水量"一词表示的是用后产生的具有毒性的水或与清洁水源相距太远而无法再使用或不适合使用的水的量。

地球上每10个人中

2

个人无法获得干净的水，必须依赖于未经改良的水源。

3

个人可以获得经过改良的水源。

5

个人可以在家获得自来水。

你在世界上所处的位置可以决定你的水是从干净的水龙头、被污染的河流还是街上的摊贩那里获得的。联合国儿童基金会（UNICEF）和世界卫生组织（WHO）关于供水与卫生的联合监测项目将从自来水以外途径进入家庭的水分为"改良"或"未改良"渠道，"改良"水源包括公共水龙头或竖管、管井、受保护的泉水及被收集雨水。"未改良"水源是未受保护的井水和泉水、未经处理的地表水、送水车及液罐卡车运送的水。东南亚和撒哈拉以南的非洲地区是拥有最多无法获得改良饮用水的人口的地区。

是水，因此一瓶500毫升的可乐瓶实际上包含500毫升水。这是被输入的直接用水。但是可乐中不仅仅有瓶子里的水，它还包含糖、二氧化碳和用于调味的糖浆。糖可以由甜菜、甘蔗或玉米制成。所有这些农作物都需要大量的水才能生产并加工出糖，而所需的水量则取决于它们的生长地。如果糖是用美国种植的玉米制成的，则大约需要30升水才能生产和加工玉米以制出一瓶可乐里的糖。调味糖浆中含有少量的香草精和来自咖啡豆的咖啡因，香草精和咖啡因需要极其大量的水才能生产和加工。为了制造一瓶可乐所需的香草精，生产和加工需要大约80升水，而生产和加工咖啡因则需要53升水。

塑料可乐瓶是用石油制成的。水对于从地下开采出石油并将其转化为化学物质和塑料的过程至关重要。制造一个500毫升的瓶子大约需要消耗5升水。还有用于包装、运输等的用量水相对较小。将所有这些加在一起可得出，一瓶可乐的整体水足迹为175升。换句话说，喝一瓶可乐就相当于消耗350瓶水。将它们一个接一个叠在一起，会造出一个像25层建筑物一样高的细长"水塔"。

之所以使用"消耗"（consume）一词，是因为本书中的水足迹指的是无法重复利用的水的使用量。水通常可以被重复使用或净化，而此处的水足迹数字表示净消耗量。换句话说，水足迹是指用水总量减去回到适宜水源的洁净水的量。

计算水足迹的方法有很多种，因此各种物品消耗水量根据计算方法可能有所不同。重要的是要知道，我们在日常生活的各个方面都依赖极其大量的水。

包括商界和政府在内的几乎所有人都没有真正意识到，生产食物或制造消费产品需要多少水。然而，在世界许多地方，水资源短缺已经成为现实。约有10亿人生活在长期缺水的地区，到了2025年将有超过35亿人面临缺水。同时，缺水正日益影响着美国和加拿大的人们。到2025年，全球可能会有三分之二的人生活在缺水条件下。

地球其实应该被称为"水球"，因为其表面70%被水覆盖，其中约有97%是世界海洋中的盐水。地球上淡水占3%，其中的68.7%被包覆在浮冰群和冰川中，特别是在南极洲和格陵兰岛。另外30%的淡水在地下水中，而近1%则在高纬度永久冻土中。

可用的淡水在地球上的分布非常不均匀。加拿大拥有全球9%的淡水，但其中大部分流入北冰洋。即使有这么丰富的水，加拿大25%的城市也曾经历过水资源短缺。包括中东、北非、南欧和亚洲大部分地区在内的许多国家的水资源相对较少。

湖泊仅占全球淡水的0.26%，而地球上所有水势浩大的河流则仅占0.006%。河流和湖泊仅占地球上所有淡水的1/375。就像一个停车场里面停放着374辆红色汽车和一辆寂寞的蓝色汽车，后者代表着世界上所有的河流和湖泊。

水分子（H_2O）由3个原子组成：两个氢原子和一个氧原子。这种简单的结构具有近乎神奇的特性。你可以将其冷冻、融化、加热并蒸发。我们通常会忘记地球实际上是一个封闭的系统，就像太空中的一艘船。我们现在拥有的水的总量与十亿年前一样。水无法被制造，它只能被四处移动。我们非常擅长通过管道和运河来调动水。但我们不太愿意承认，调动水总是意味着其他地方的水将减少。

水处于不断运动中。它从海洋和大陆上蒸发，从

水

所有生物都需要水——没有水，人类无法生存超过3天。如今地球上的淡水与数百万年前恐龙居住在这里时一样多。但是，如今与过去有两个区别。第一个区别是，我们的大部分淡水都被冻结在极地和格陵兰的冰原中。另一个区别是我们发现了无数个恐龙做梦也想不到的水的用途。实际上，水在我们的生活中比石油重要得多。以目前的耗水量计算，由于人口、农业和工业需求超过可再生水的供应，我们将经历更加频繁的区域水资源短缺。

如果地球上水的总量没有变化，那么在发生干旱和缺水的情况时水都去哪儿了呢？为了灌溉棉田而排干湖泊，就是这些水源的去向。换句话说，湖中的所有水都被消耗掉了。湖中的一部分水保留在棉花中，其余的则通过蒸发和蒸腾作用进入大气。最终，从我们排干的湖泊蒸发的水会作为雨或雪落下，但会落在其他地方，也许是落在地球另一边的海洋上。随着时间的流逝，湖泊可能会重新涨满，但是如果当地的生态系统受到严重破坏的话，这一重建过程可能要花费数十年。

2014年全球水资源峰会得出结论，缺水是全球经济面临的最大挑战。峰会预测，在未来十年内，地球上的每个人都会遇到一些与水相关的严重事件——缺水、洪水、水利基础设施故障、贸易中断及经济破坏。

122个

国家

对联合国第64/292号决议投赞成票，44票弃权，承认获得清洁的水资源和卫生设施为一项基本人权

2010年7月28日，联合国大会通过第64/292号决议明确承认，干净的饮用水和卫生设施是基本人权。该决议呼吁各个国家和国际组织提供财政资源，并帮助各国特别是发展中国家，为所有居民提供安全、清洁、易于获得且负担得起的饮用水和卫生设施。通过记名投票，该决议以122票赞成、无反对、41票弃权获得通过。弃权的国家包括新西兰、以色列、丹麦、日本、英国、美国和加拿大等。据报道，那些弃权的国家认定该宣言为时过早并且与论坛主题不符，并且在国际法中对这种权利的定义尚不明确。

云层降下雨水，并通过地表径流从陆地流到海洋。这被称为"水文循环"或"水循环"。降雨时，其中有些水会蒸发并返回大气；有些水被土壤吸收，然后被植物吸收。有了足够的雨水，水就会流到溪流或河流中。最终，所有河流都流向了世界海洋。

为了使某一流域或分水线维持下去，我们使用的水量应不超过其区域内降水量的20%。为什么不能更多呢？首先，其中一些水会蒸发。温度越高，空气越干燥，水蒸发越多。蕴藏全球约20%地表淡水的五大湖（Great Lakes）（苏必利尔湖、密歇根湖、休伦湖、伊利湖及安大略湖），其水位在过去的十年中不断下降，这主要是由于冬季温度升高与冰盖很少导致了蒸发增加。每年五大湖中只有不到1%的水被雨雪补充。其余水则是由过去覆盖北美大部分地区的冰盖融化而来的、具有12 000年历史的水。

这一原则同样适用于大部分地下水，包括含水层（即天然地下水存储区）。我们的索取速度不能超过依靠降水补给的自然速度，否则这些资源也将最终枯竭，从而导致地面沉降、塌陷或在沿海地区附近引发海水泛滥。深层含水层的补给速度非常低，完全封闭的含水层则被认为是不可再生的。这种水是大自然的一次性礼物；一旦枯竭，就无法在人类的生存时间范围内再次补充。

为了防止取水过多，取水量必须限于其"可持续的产量"。水体的可持续产量是指在不产生负面影响的情况下可以摄取或使用的水量。限制取水的第二个原因是，大自然需要保留剩余水分来维持健康的生态系统，从而为我们提供重要的服务。森林、湿地和海岸线植被作为大自然的"绿色机器"既可以存储又可以净化水，更不用说还能净化空气和产生氧气。

人类面临着"如何最好地利用有限水资源"的艰难选择。预计到2030年将增加十亿人口，持续增长的人口对水资源日益增长的需求，将使得这些选择变得更具挑战性。由于水资源短缺日益严重，家庭和工业的供水基础设施的成本不断上升以及我们消耗或使用的所有物品——从电力到智能手机——都需要水这一事实，水资源充裕且低成本的时代正在逐渐过去。即使是水资源相对丰富的地区也面临着水资源短缺的挑

战，这往往是由于水资源管理不善和挥霍性的政策造成的。

在了解我们对水的依赖程度后，为了我们的健康和现代生活方式的维持，我们应当减少浪费、改变习惯，并对购买的商品做出明智的用水决定以节省水和金钱。归根到底，水的使用在于人们的选择。我们可以选择将水用来饮用，种植农作物，生产服装、汽车、电子产品，建设高速公路、建筑物以及发电，而且我们可以选择用更少的水来做这些事情。

本书无意罗列你日常生活中使用的一切物品的全部水足迹。水足迹这一概念的有用之处在于，它说明了我们在生活的各个方面对水的依赖性的深度和广度。水足迹告诉我们，每个北美人每年消耗近300万升的水。这使人们更容易理解干旱等使水资源供给发生变化的情况如何对当地、区域、国家乃至全球产生影响。

能源

能源行业是淡水的第二大用户，占全球耗水量的15％。水和能源密不可分。水被用于产生能源，而能源则被用于将水泵入和分配到我们的房屋和产业中，并灌溉田地。人们对生产更多能源的需求推动了水的使用，而对更多水的需求推动了能源的使用。根据世界银行的数据，到2035年时，全球能源消耗将增长35％，而能源用水将增长85％。

运输

美国在交通运输方面对能源的整体使用效率非常低。根据美国劳伦斯·利弗莫尔国家实验室的研究估计，在交通运输中有79％的能源被浪费。石油是美国最大的一次性能源，石油消耗量是煤炭消耗量的两倍，几乎所有石油都被用于驱动汽车行驶。

石油工业开采、加工和运输石油所消耗的水量尚无可靠数据。统计有多少水发生了污染也是困难的。因为大部分易于获取的石油会慢慢耗尽，该行业越来越依赖于深海石油、页岩石油和焦油砂中的石油。页岩油气的提取需要一种称为"水力压裂"的钻井技术，这涉及在高压下向钻孔中泵入700万升到2300万升的水以及特殊化学物质，以使岩层破裂并释放地下石油和天然气。油井通常会被压裂数次，每次使用数百万升水。

但是，水力压裂不仅仅是消耗大量的水，因为这种"压裂水"大部分将会从地球的水循环中被消除。在水力压裂石油或天然气的过程中所使用的几乎所有水都会被石油行业加入水中的化学物质以及在深部岩层中天然存在的放射性元素（例如镭）和盐类污染。仅有5％～10％的压裂废水得以被净化和重复利用，其余的90％到95％则无法使用并被泵入地下深处。但是，目前并没有法规限制这种在实践中消耗大且污染严重的生产方法。

加拿大是世界第五大原油生产国，也是美国最大的石油供应国。目前，这些石油的大部分来自其石油砂（也称为焦油砂）。石油砂中没有液态石油，只有与沙土混合的焦油沥青，它们深埋在加拿大阿尔伯塔省北部的原始森林和湿地下。这里是地球上第三大原油储备区，据估计储藏着1700亿桶原油。与其他非常规化石燃料（如页岩石油和页岩天然气）一样，将沥青引入管道需要采取极端措施，这些措施需要消耗大量的水、能源、热量、化学物质和机器。而石油公司，位居世界上最富有的公司之列，不用为此付出任何代价。

像压裂一样，焦油砂生产会污染所用到的大部分水，然后将其存储在有毒的废水湖中。这些湖泊现在占地176平方千米，是纽约市曼哈顿面积的三倍，而这些公司将继续每天产生超过2亿升的这种有毒液体。这些废水湖泊每天都在向河流和周围的土地中渗漏出约1100万升的有毒废物。

这意味着你的汽车烧的其实是水——大量的水。据世界经济论坛估计，来自常规石油的1升汽油消耗约3升的水。非常规石油（例如加拿大焦油砂中的石油）需要多达55升的水才能生产出1升汽油。

如果你用的汽油中含有10％的乙醇，那么一罐汽油的水足迹会大大提高。如果乙醇是由美国种植的玉米制成的，则生产每升乙醇会消耗1780升的水。如果一个60升的汽油罐装着54升的汽油和6升的乙醇，则该燃料的整体水足迹将高达10 860升。这些水足以填满一个直径3.7米的地上游泳池。

由大豆制成的生物柴油具有更多的水足迹，每升美国生物柴油平均用水8800余升。世界平均值比这更高，超过了11 000升。这些数字还仅仅是指用于种植大豆或玉米所需的水，而不是柴油加工过程所需的大量水。为什么会消耗那么多水呢？这是因为绿色植物并非"能源密集型"植物，因此要制造1升乙醇需要大量玉米粒——2.4千克。如果那么多的玉米是用来吃的话，那么它足以提供四口之家一天的口粮。

2014年，美国约有45%的玉米被用来生产乙醇，这是因为2007年国会通过了一项法律，要求石油公司将数十亿升的乙醇混入汽油中。除非法律有所变化，否则未来几年这个数字可能还会大幅提高。美国不是唯一一个强制使用生物燃料的国家，另外有60个国家也是如此。加拿大要求汽油中使用5%的乙醇，燃料和供暖油中使用2%的生物柴油。印度将2017年生物柴油使用比例的目标定为20%。

据国际能源署预测，到2030年，所有公路运输中有5%将会由生物燃料提供动力，生产这些生物燃料消耗的水将相当于2014年全球农业用水总量的20%。在某些国家这一比例可能会更高，以至于目前多达40%用于种植粮食的水都将实际用于生产生物燃料。

由于化石燃料燃烧产生的二氧化碳（CO_2）排放会造成气候变化，因此，乙醇、生物柴油和其他生物燃料一直被吹捧为"绿色能源"，并被各国政府和其他组织推广作为减少二氧化碳（CO_2）排放的方法。

但是，正如许多科学研究表明的那样，生物燃料的生产不是一项可持续的行动。原因之一是，当将农用土地和水用于燃料生产时，用于为这个缺水少食的世界生产粮食的土地和水就更少了。据世界银行称，乙醇和生物柴油用量的激增对于推动2007年全球食品价格上涨发挥了重要作用，而且这种趋势还在继续。

不幸的是，生物燃料正在使诸如气候变化等环境问题以及水和粮食的供应发生恶化，而不是好转。这是人们在不考虑使用生物燃料对水、土壤、粮食生产和自然生态系统产生潜在影响的情况下就制定能源政策的后果。这种对事物的相互联系缺乏理解的现象是如此广泛，其影响是如此恶劣，以致世界银行、世界

经济论坛和联合国等机构都在呼吁各级政治领导人改变决策方式。只有仔细考虑清洁的水资源、充足的食物生产、满足能源需求、保护自然以及减少造成气候变化的排放等因素各自之间的联系，才有可能达成真正可持续的解决方案。这被称为"水—能源—食物的关系"，它是人类有史以来面临的最大挑战。

圣劳伦斯河

为了适应圣劳伦斯河水位下降1厘米的情况，必须从集装箱船上取下与6个6米大小的运输集装箱质量相当的物品

圣劳伦斯河是通往北美的蒙特利尔、多伦多及美国中心区域的主要门户。每年河上船运的货物超过1亿吨。但是，水位会随季节波动，而水位低会影响集装箱运输的速度：水位下降1厘米意味着集装箱船必须卸掉54吨的物品才能通过并安全地停靠在蒙特利尔港。这相当于至少6个6米大小的集装箱。2012年8月，水位比正常水平低30厘米以上的情况持续了数周。这给进口商和出口商的生意造成了长时间的延误。由于一些商品的利润高达每个集装箱3500美元*，因此各航运公司受到的打击最大。

*注：1美元≈7.12人民币

电力

在美国，很多的水被用来提供照明（但并未实际消耗），而不是用来生产食物。发电的工厂，无论是用煤炭、天然气还是核能作为燃料，都用水蒸气来驱动涡轮。在美国，这类用水占从河流、湖泊和地下水中抽取的淡水的40%以上。这类水的大部分会返回湖泊和河流，因此未被消耗，因而也不属于电力水足迹的一部分（要强调的是，在本书中，我们仅关注实际消耗的水量，因为这些水不会返回适宜的水源地，也无法被重复利用或改变用途）。

在每天的每分钟都有数亿升水流经发电厂，其中的大多数都返回到其水源地。不好的地方是它会以热水的形式流回去。早期的发电厂使用"直流"冷却系统，该系统连续每分钟吸入数百万升水，然后将热水排回到作为其来源的湖泊或河流中。这些热水杀死了许多鱼类和其他水生生物。使用循环冷却水的闭环冷却系统则几乎可以避免所有这些伤害。1984—2014年建造的发电厂使用闭环冷却系统，但是许多更老的电厂却没有。然而，两种类型的冷却系统仍会消耗大量的水——对于一个典型的燃煤发电厂来说，每年需要消耗40亿至150亿升水。

2012年，美国家庭平均用电量为10 800千瓦·时（kW·h）。在那一年，美国发电量的37%来自煤炭、30%来自天然气、19%来自核能、7%来自水力、3.5%来自风力。如果你的家庭用电来自燃煤发电厂，则将消耗23 800升水来为此供电。这些水的大约三分之一被用于开采和加工煤炭，其余的则在发电站蒸发了。

有许多不同的计算能源消耗和水消耗的方法。此处引用的来自不同能源的电力的水足迹是基于世界经济论坛水务倡议的研究得出的。通常，能源生产和分配过程的耗水量很高。核能发电比煤炭发电消耗的水更多，因为有更多的水被用于将铀矿石加工成核燃料，如此一来，发电10 800千瓦·时约需消耗35 000升水。2014年联合循环天然气发电厂的耗水量更低，为7000升。

出人意料的是，水电的水足迹相当巨大：为每户家庭提供电力平均需要消耗183 000升的水。造成这一现象的原因是大坝水库中水的蒸发。在蒸发率高得多的干旱地区，一个家庭可能要消耗多达300万升水才能满足其年度用电需求。米德湖是位于拉斯韦加斯郊外、被胡佛水坝拦截的巨型科罗拉多河水库，湖面面积为593平方千米，它每年会因蒸发损失1.1万亿升水。2022年6月，米德湖水位下沉至自1937年建设以来的最低水平。

用风能和太阳能产生电力不需要水（尽管建设其基础设施仍然需要水）。大型太阳能聚光器则是个例外，它们使用镜子将太阳的热量反射到中央水塔上，以产生蒸汽并为涡轮提供动力。它们消耗水的速度堪比核电站。但是，现在有些太阳能聚光器的耗水量大大减少。世界上最大的太阳能发电站是位于美国加利福尼亚州和内华达州州界附近的莫哈韦沙漠中的伊凡帕太阳能发电站，使用干式冷却技术。它消耗的水量仅仅与高尔夫球场上的两个洞的大小相同，同时还能为10万户家庭提供足够的电力。

美国现在有能力用分布在39个州的涡轮机产生61 000兆瓦的风电。2013年，风电的发展帮助水电减少了1540亿升水的消耗，即每位美国居民减少了约490升水的消耗。同样重要的是，风电减少了电力行业的二氧化碳排放量，仅2013年一年就总计减少了9560万吨。据美国风能协会称，这相当于马路上减少1690万辆汽车。

当将近半个地球处于能源缺乏状态时，在全球变暖时代关于能源和水的抉择就变得极为重要了。发展中国家有超过10亿人无电可用；27亿人依靠木材或粪便做饭和取暖。当考虑到水资源保护时，真正绿色的和可持续的可再生能源是太阳能和风能。即使是多云的德国也以这种方式产生20%的电力。在2013年所有新安装的发电设备中，有44%属于可再生能源——不包括大型水坝。这是非常重要的发展，它不仅减少了二氧化碳的排放，还大大减少了用于发电的水量。

根据大量最新研究计算，到2050年，可再生能源将满足人类100%的电力和交通需求。2014年，斯坦福大学的能源专家发布了显示美国如何实现这一目标的"路线图"。他们的计划设想了多种能源的混合，包括55%的太阳能、35%的风能（包括陆上和海上）、

5%的地热和4%的水电。拟议的能源结构中不包括核能、乙醇和其他生物燃料。

减少能源的水足迹的最快、最简单、最好的方法就是使用更少的能源。将能源使用效率提高50%的建议是可行的。专家称，美国在提高能源效率方面比其他任何国家都具有更大的潜力。仅通过使用当前可用的能效技术，美国就可以节省比加拿大全国每年用量还多的能源。

家居

一个好的节水马桶每次冲洗使用3.75升水，而较老式的马桶每次冲洗使用16或23升水。在洗手间时，你可能会思考水的来源。只有两个来源：地表水（河流和湖泊）和地下水。在城市地区，水首先流到水处理厂，然后通过管道输送到你的家中。这意味着所有进入家庭的水都是被处理过的，包括淋浴水、厨房水龙头水甚至马桶用水。

普通人每天要将80升的优质饮用水冲入下水道。当曾经干净的水通过下水道离开我们的家时，它们就变成了"黑色水"。淋浴、盆浴、洗碗和洗衣产生的水被认为是"灰色水"；它们无需处理即可重新用于某些目的，但通常都进入同一下水道。

在城市地区，通常将"黑色水"和"灰色水"清理干净并排回到河流、湖泊或海洋中。不幸的是，加拿大和美国的大小城市经常将数千亿升未经处理的污水倾倒入河流和海洋。华盛顿特区每年将大约76亿升的污水排入阿纳卡斯蒂亚河和波托马克河。像美国的700多个其他城市一样，华盛顿特区使用相同的管道输送污水和雨水。一场暴雨往往足以淹没污水处理系统，这些未经处理的溢流就被灌入距离最近的水体中。在纽约市，仅仅1.3毫米的雨水就会使污水处理系统超负荷。

尽管马桶用水是最大量的室内直接用水，比淋浴或洗衣服用水要多，但室外的花园用水、洗车和灌溉

纸与布

要生产一张普通的餐巾纸，需要消耗约13升水，其中大约60%的水是用于使树木生长的降水，其余的则是用于加工餐巾纸和吸收废物的水。

在不同气候下生长的不同类型的树木当然也具有不同的水足迹。桉树消耗的水比北方的松树要多，但纸产量是相同的。纸是通过将木材磨成浆，然后用通常有毒的化学物质（例如氯）分解木纤维来制成的。该过程使用并污染大量水。之后，干燥后的纸浆被送到造纸厂进行最终处理。

无氯纸浆的加工可以大大减少耗水量，并且创造出"全无氯漂白"（TCF）纸产品。纸张回收可以减少纸张的水足迹。美国生产的纸浆总量中约有30%来自再生纸。在加拿大，这一比例为20%，这既反映了不同国家森林的相对丰度，又反映了加拿大的大部分纸张生产是用于出口，因此很少返回本国进行回收的事实。欧洲国家（例如德国）这一比例的平均值超过50%。

现在要解决一个古老的问题：选布还是选纸？哪个的水足迹更小？一次性使用的纸餐巾在德国制造的话，需要消耗13升水；如果在美国制造的话，耗水量可能接近15升，并且其再生纸比例较低。

一块布餐巾含28克棉花。如果棉花是在美国种植的，一块布餐巾的水足迹为224升。该餐巾可以被洗涤并重复使用50次。假设每次洗涤一块布餐巾的耗水量为0.25升，则这块布餐巾总共增加了12.5升用水。但是，由于这些洗涤水会被送去处理，因此可以重复使用并且不属于水足迹的一部分。

结论是：布餐巾轻松取胜。每次使用时，纸餐巾的水足迹为15升，而布餐巾的水足迹为4.5升。由大麻或亚麻（亚麻布）制成的餐巾每次使用时甚至可将水足迹减少至1升。

草坪的耗水量至少占我们日常直接耗水量的一半，甚至远超一半。使用节水马桶和淋浴头、高效洗衣机和简单的滴灌系统等已有的产品，我们可以轻松地将室内和室外耗水量减少70%。

令人惊讶的是，饮用水和烹饪用水仅占我们每个人每天直接使用的约375升水之中的1%至2%。在北美人平均8000升的每日水足迹中，这部分水仅有4~8升。每个人的每日水足迹汇总起来高达每年290万升，其中95%以上是"隐形水"或"虚拟水"。

食物

你觉得一顿早餐需要多少水？为了获得一小杯（125毫升）橙汁，将有约200升的水用来种植、清洗和加工所需的橙子。这些水大约有150升用于橙子种植、40升用于加工橙子以及10升用于吸收废物。生产相同体积的葡萄柚汁和苹果汁，则分别需要135升和228升水。一杯牛奶大约需要200升水——包括奶牛饲料的种植和加工以及加工牛奶所需的水。

这并不是说用200升水制作一杯橙汁或牛奶是不可持续的。橙子和奶牛的饲料可以借助雨水来种植，也可以通过引入一定量的河流或地下水来种植，后者的用量应不超过水源地的可持续产量（在不引起资源枯竭的情况下获取的产量）。

再想想你的早餐吐司，它一般是用小麦做的。美国的小麦作物需要灌溉，要种植1千克小麦，需要消耗2200升水。加拿大小麦的生长气候较凉爽，几乎无需灌溉，因此仅需1567升的水来种植相同质量的小麦。不足为奇的是，摩洛哥沙漠地区种植小麦的耗水量是美国的2倍以上。由于种植1千克小麦的全球平均耗水量为1825升，因此你盘子里的烤面包的水足迹为112升。

如果你的烤面包上还有2个鸡蛋，那么它们需要大约400升的水，这些水几乎全部都是用来种植和加工鸡饲料的。

再加2片培根的话，还要再加300升的水足迹。最后，一杯黑咖啡需要140升水来种植、加工和运输咖啡豆。

你一顿早餐的水足迹总计1152升。获得这样一顿饭大约需要8个浴缸的水。

减少水足迹的一种方法是避免吃肉或减少吃肉量。以卡路里为基准来计算的话，肉类对水的消耗要

4.43亿天

这是每年因与水有关的疾病而造成的失学时间，这一时长相当于埃塞俄比亚所有7岁儿童的一整个学年

根据联合国开发计划署的数据，与水有关的疾病每年导致4.43亿个上学日的损失。在非洲许多地方，这些疾病与学校缺乏卫生设施密切相关，并且在女孩中尤为严重。在乌干达，只有8%的学校设有可用的洗手间，其中只有三分之一有为女孩提供的单独设施，这一不足之处可以解释为什么该国很难降低青春期后女孩的辍学率。确保每所学校都有充足的水和有为女孩提供单独设施的卫生条件、将公共卫生和健康纳入学校课程学分、使儿童掌握减少健康风险所需的知识等措施，将帮助挽回2.72亿个损失的上学日。

比谷物和蔬菜高得多。从猪肉中产生一单位卡路里〔1卡＝4.185焦（尔），下同〕需要2.15升水，而从小麦和玉米等谷物产生则仅需0.5升。

为了进一步减少水足迹，请以红茶代替咖啡——一杯红茶的水足迹为35升；放下培根，吃一个鸡蛋而不是两个，这样就能从原本1152升水足迹的早餐中减掉约600升。

肉类

美国人最喜欢的午餐——汉堡和薯条，它们的水足迹为2550升。这足以装满一个像凯迪拉克凯雷德这样的大型SUV一样大的水缸。这些水主要用于制造汉堡中的牛肉。一个中号汉堡需要消耗2350升水，而中号炸薯条则需要消耗193升水。如果你想减少这种午餐消耗的水，请将牛肉换成一个大豆饼，你将减少多达2100升水足迹。

生产肉类非常耗水，因为种植用于喂养动物的农作物需要大量的水。牛肉具有最大的水足迹，平均每千克牛肉消耗15 400升水。以卡路里为标准，每提供一卡，牛肉所消耗的水比蔬菜和谷物多10倍以上。

北美人是全球最大的食肉者之一，2004年人均吃肉83千克。这一数字在2012年下降了近10%，降至75.3千克。价格上涨和经济疲软被认为是这一数字下降的原因。随着出于对健康考虑的"无肉星期一"的观念开始产生影响力，一场饮食革命也正在进行着。对于一个四口之家，无肉星期一意味着每年可以减少食用43千克的肉，节省下来的水足以填满十几辆大型液罐车。

如果同一个家庭决定不参与无肉星期一行动，但全年只吃鸡肉而不吃牛肉，那么他们将减少惊人的90万升水用量，相当于约30辆大型液罐车。这比安装低

瓶装水

在美国，每秒钟有1500瓶水被打开。尽管它的成本是自来水的1000～10 000倍，但每年消耗的瓶装水的数量相当于美国每个男人、女人和孩子喝227瓶500毫升瓶装水。

塑料瓶是用石油制成的，水在将油开采出地面的过程中至关重要。水在将油转化为化学物质和塑料的过程中也至关重要。制作一个0.5升的塑料瓶会消耗5升水。在这个瓶中灌入500毫升的水，这瓶水的水足迹就变成了5.5升，而且这其中还不包括用于生产能源以净化和运输瓶装水的水。而就一玻璃杯自来水来说，你能在杯子中直接看到的水占其水足迹的98%，唯一的隐藏水是将水从水源地转移到水龙头所消耗能量的水足迹。

制作美国人每年饮用的瓶装水要用的塑料瓶，要消耗掉令人难以置信的3570亿升水。回收一次性塑料瓶可以减少耗水量，但是回收率还很低，比如在2012年的美国这一数字为31%。加拿大的回收率较高（70%），因为97%的加拿大人可以使用路边的回收设备。与不实施废物存放计划的州20%的回收率相比，实施废物存放计划的州的回收率是48%。

在北美，多达40%的瓶装水中仅仅是自来水。装瓶公司对每升水只支付不到1美分，然后就使水流过某些过滤器后直接转售。在对美国领导品牌的瓶装水和纽约市自来水之间进行的盲评测试中，自来水通常会胜出。在美国瓶装水既不是更安全的，也不是更干净的。实际上，自来水比瓶装水受到了更严格的管制。如果每天接受测试的本地自来水存在问题，则必须告知公众。美国食品药品监督管理局（FDA）仅要求每周对瓶装水进行检测；如果有问题，公司必须销毁产品，但不必告诉任何人。请记住，FDA规则仅适用于从一个州转移到另一个州的瓶装水。大部分瓶装水都留在州内，由地方官员监管或压根不监管。美国有10个州根本没有针对瓶装水的法规。

动物饲料

世界上有37%的谷物用作动物饲料

根据联合国粮农组织的数据，每年约有6.7亿吨谷物被用作牲畜饲料，占世界谷物总用量的37%以上。在美国这一数字可以高达40%，在非洲则可能低至15%。根据谷物品种的不同，这一数字甚至可以超过上述比例：欧盟国家种植的小麦的45%被用作动物饲料。种植这些农作物所需的水量导致了虚拟水足迹的增加。

流量淋浴头节省的水量要多得多，后者每年可以减少家庭用水11 000~12 000升。

地球上专用于喂养供人类食用的动物的土地比例高达1/3。另外约有10%用于种植人类的粮食作物和棉花等纤维作物。这样一来，所有土地的40%以上都被用于生产我们的食品和衣物。考虑到所有的山脉、沙漠、过冷的地区、城市区域以及森林等其他不适宜耕种的土地，并没有太多土地可用于耕种。

用于为食用动物生产饲料的水通常是灌溉用水和雨水的混合物。这些水可能是可持续的，也可能不是可持续的，具体取决于动物的饲养方式和地点。最重要的是，肉类生产需要大量土地，并占人类水足迹的30%。如今全球肉类产量是1950年的7倍。由于土地和水的供应极为受限，许多人认为，尽管到2030年还将有10亿人要出生，但我们正在迅速接近"肉类生产峰值"。

北美人食谱中平均约有1/3来自动物产品（肉、鱼、蛋和乳制品），这意味着每天的食物水足迹为3600升。如果改成含乳制品的素食食谱，其水足迹则要小得多，为2300升。这就像从91cm的腰围变成67cm的腰围一样。

令人震惊的是，在2014年北美人丢弃了多达40%的食物，这一数字比1970年增加了50%。这是对生产食物所消耗的水、土地、劳动力、能源和肥料的难以置信的浪费。浪费如此之大的一个重要原因是产品标签混乱。食品上的"最佳日期""食用日期"等标签完全与健康或食品安全无关，食品制造商只标注了其产品保持在最高质量的时间。

厨余垃圾还使每个家庭每年损失约2275美元。为了减少这种情况，从减少冲动购买和大宗的食品购买开始吧。通过少量多次购买而不是一次性大量购买，可以更轻松地减少浪费。还可以通过冷冻保存食物而不要将其放在冷藏中直到变质，或做分量较少的饭；外出用餐时，多人分食一份——每份的平均分量已经够大了。

服装

食物、能源和直接用水占我们水足迹的一半以上，剩下的就是我们购买后放在家的东西，包括家具、电子产品和衣服。想象一个普通住宅并把里面的东西倒出来，那将是相当大一堆。据一些估计数字来看，其中大约有10 000件物品。所有这些东西的水足迹都是巨大的：漂亮地毯为40 000升，皮沙发为136 000升，大型平板电视为120 000～200 000升。

纺织品和服装行业是世界上用水最多的行业之一，在食品、能源和纸制品产业之后排名第四。在普通的一天，你可能会把20 000升水穿在身上，包括内衣（900升）、袜子（500升）、衬衫（2500～3000升）、牛仔裤（8000升）和一双皮鞋（8000升）。要想真正了解衣服的水足迹以及它意味着什么，就让我们看一看一条牛仔裤的生命周期吧。

一条牛仔裤消耗的8000升水几乎全部被用于生产棉花。在不同国家和地区，生产1千克棉花所需的实际水量差异很大。中国生产每千克棉花用水6000升；而印度生产每千克棉花用水22 000升。美国棉花的水足迹为每千克棉花8100升水，略低于全球平均的10 000升。

你的牛仔裤很可能是用印度河谷、巴基斯坦和印度东北部种植的棉花制成的。

印度河是一个巨大的山谷和河流系统，流经喜马拉雅山脉，是棉花的生产地。这里河水和地下水被用于灌溉成排的棉花。你的牛仔裤使用了约800克来自该地区的棉花，相当于约15 000升的水。这些水的大部分被蒸发或被棉花厂使用，其余的一些最终变成废水或灰色水。"原棉"被运送到城市中心或另一个国家，例如最大的纺织品出口国孟加拉国。在工厂中，原棉先经过洗涤、染色然后再次洗涤。如果你仔细想想就会明白，我们穿着衣服就像穿着遥远如印度河谷的水、土壤和阳光，以及孟加拉国达卡的棉纺厂工人的辛勤劳动一样。

棉花不仅是一种非常需要水的农作物，而且它使用了全世界24%的杀虫剂，即使棉花田只占世界耕地的3%以下。这损害了当地的生态系统，对农民及其家庭不利。而有机棉仅占棉花总产量的不到1%。不过每年都有越来越多的有机棉可供使用，这种棉花是在不使用杀虫剂和化学肥料的情况下种植的，这样的话它的水足迹较小，因为它几乎不产生水污染。生产诸如大麻（也叫线麻）和亚麻之类的替代性天然纤维需要的化学物质要少得多，它们的水足迹较小，分别为每千克作物2700和3780升。

展望

全世界用水量在1964—2014年翻了3倍，这种增长速度是不可能继续下去的。我们的购物选择也将决定水的命运。除非一个产品是你真正需要的，那么因为它是"绿色的"或因为它耗水量少得多而购买它才是一条可行的路。最好的建议仍然是减少用水、重复用水和循环用水。

本书将帮助你了解看不到的水对建立现代社会所起的作用。请牢记本书的目的不在于提供一个涵盖日常生活中一切所用之物的水足迹的完整列表，而在于描述出在消耗之后无以他用的水有多少的整体情况。

了解水足迹有助于解释从咖啡成本提高到你最爱的牛仔裤涨价等一切现象，它也以某种方式揭示了水是如何成为世界诸多争端的根源的。我们希望本书将在你进行节水的行为与做出购物决定时提供足够信息。通过以节水的原则生活我们可以减少水足迹，这不仅能节省金钱，帮助我们在缺水时期做更好的准备和适应，还能为确保子孙后代继承一个淡水充足的健康星球而尽应有之力。

"当地球看起来几乎全是海洋时，
称它为地球是多么不恰当。"

——A.C.克拉克

全景

就表面积而言，我们星球的大约三分之二被水覆盖。但是正如我们将看到的那样，只有极少量的水在饮取、灌溉和制造产品时是可用且易于获得的。

海水必须除盐后才能使用，可以通过"淡化"的操作来完成，但该过程花费巨大且需要大量能源。即使像世界上最深的湖——西伯利亚的贝加尔湖，和最大的湖——苏必利尔湖这样似乎含有巨大淡水资源的水体，其自然更替的水量也远远不敷我们所消耗的水量。加上由于气候变化而导致的蒸发增加，淡水已成为一种越来越稀有的资源。从地下深处抽取农业用水正在使这些看不见的水源枯竭，而全世界的农田都因缺水正在被逐渐废弃。只有不确定性是可以确定的：在未来，我们的淡水供应将危机重重。

地球表面的**三分之一**被太平洋覆盖

太平洋概况

15 500千米

19 800千米

从白令海峡到南大洋

从印度尼西亚到哥伦比亚

　　太平洋是世界最大的水体，它占据了地球水体表面积的46%，可以装下两个大西洋，比地球全部陆地面积之和还要大。它的长度约15 500千米，从白令海峡延伸到南大洋北端；它的宽度约19 800千米，从印度尼西亚延伸到哥伦比亚海岸，接近地球周长的一半。

如果全世界的水都能装进一个18升的饮水机桶

那么可用淡水将仅相当于其中的

3茶匙那么少

地球上的全部水之中有97.5%是咸水，剩余的2.5%是淡水，但它们几乎全都被封锁在极地冰冠、冰川、雪和永久冻土层中，仅有极小一部分是可用的。

换言之，如果全世界的水都能装进一个18升的饮水机桶，那么可用淡水将仅相当于其中的3茶匙那么少。

世界上最深的湖

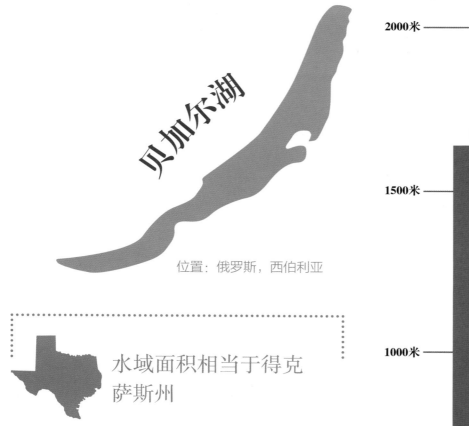

贝加尔湖

位置：俄罗斯，西伯利亚

水域面积相当于得克萨斯州

含有全世界20%的未冻结淡水

联合国指定的世界遗产地

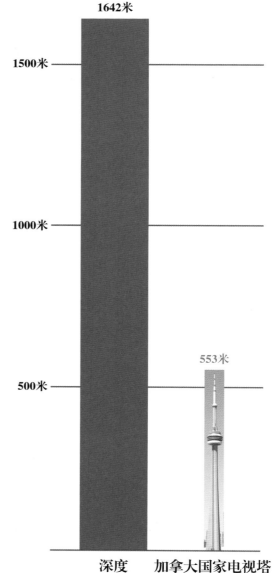

2000米

1642米

1500米

1000米

553米

500米

深度　　加拿大国家电视塔

西伯利亚的贝加尔湖深达1642米，是世界上最深的湖。它的深度足以叠放几乎3个加拿大国家电视塔。这座新月形的湖汇集了超过336条河流，水域面积相当于得克萨斯州。不受控制的工业污染和湖泊自身的温度上升，促使联合国在1996年宣布其成为世界遗产地，以保护其生态特性。

世界上最大的湖

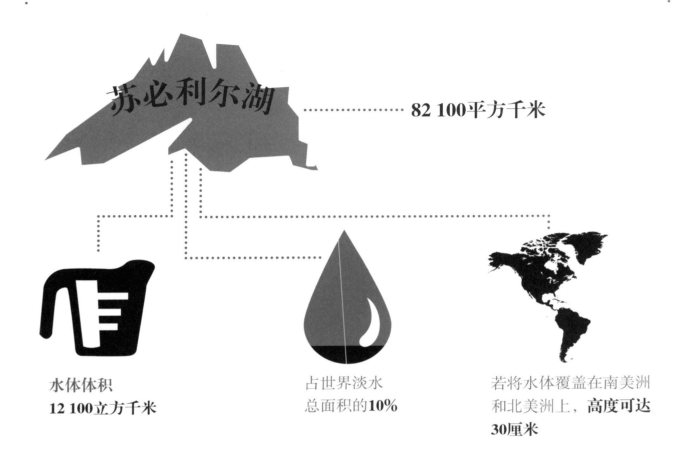

苏必利尔湖

82 100平方千米

水体体积
12 100立方千米

占世界淡水
总面积的10%

若将水体覆盖在南美洲
和北美洲上，**高度可达
30厘米**

就算你们将图中各地方表面积加在一起

佛蒙特州　　　新罕布什尔州　　　马萨诸塞州　　　康涅狄格州　　　罗得岛州

也达不到苏必利尔湖的表面积

苏必利尔湖在地质学上还很年轻（少于10 000年历史），它不仅是五大湖中最大的湖，而且是地球上表面积最大的淡水水体。它的表面积为82 100平方千米，比佛蒙特州、马萨诸塞州、罗得岛州、康涅狄格州和新罕布什尔州的面积加起来还要大。苏必利尔湖的水体体积为12 100立方千米，表面积相当于世界淡水表面积的10%。尽管西伯利亚的贝加尔湖的表面积仅为苏必利尔湖的三分之一，但由于前者深度达到惊人的1642米，因此其水量高达后者的两倍。

米德湖自1998年以来失去的水量为　**136.5亿升**

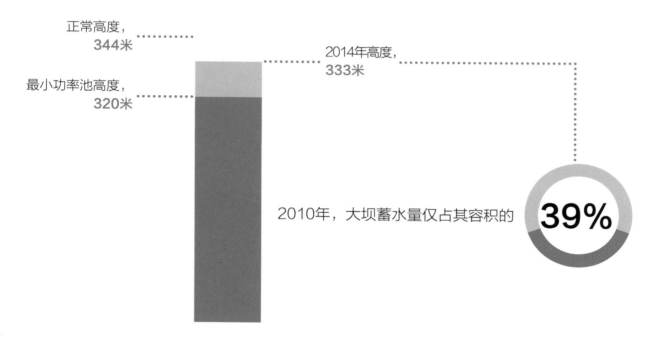

正常高度，
344米

2014年高度，
333米

最小功率池高度，
320米

2010年，大坝蓄水量仅占其容积的　**39%**

据水文学家预测，到2050年，米德湖将有
50%的概率变干涸

　　米德湖作为美国最大的水库，长达180千米。它因20世纪30年代胡佛大坝的建造而形成，为拉斯韦加斯提供了约85%的用水和15%的用电。一场长达14年的旱灾以及耗水量的增加，已经导致湖面下降到了一个危险的程度。据估计，自1998年起，它已经失去了136.5亿升的水量，一道白色的由矿物质沉积形成的"浴缸污渍环"标志着它的消退。如果米德湖降到最小功率池高度——海拔320米以下，胡佛大坝的水力涡轮就会关闭，而拉斯韦加斯的灯光就会开始熄灭。据水文学家预测，到2050年，米德湖将有50%的概率变干涸。

咸海在河流被改道后缩减的比例为 **90%**

20世纪60年代，为了灌溉庄稼，
苏联将原本流入咸海的两条河改道

20年后	30年后	40年后
渔业被摧毁	表面积缩减了**60%** 体积缩减了**80%**	表面积缩减至最初的10%

咸海**分成了两个小湖**	相当于排干了伊利湖和 安大略湖	**盐度提高了5倍，** 杀死了大多数植物群和动物群

　　咸海曾经是世界上第四大湖，但现在被认为有着世界上最糟糕的环境灾害。20世纪60年代，两条原本流入咸海的河流被改道，以灌溉沙漠中种植的大米、瓜类、谷物、棉花和其他农作物。到1998年，咸海体积缩减了80%，失去的水量相当于完全排干伊利湖和安大略湖。到2007年，咸海表面积缩减至其最初的10%。

4 000 000 000 000

要想容纳地球上全部可用的地下水储备，
需要4万亿个奥林匹克运动会标准游泳池

3个最大的含水层的水量

大自流盆地

64 900立方千米

瓜拉尼含水层

40 000立方千米

奥加拉拉含水层

3608立方千米

地球上最大的未冻结淡水储备，位于含水的可渗透的岩石地下层，称为含水层。这些含水层的地下水可以填满4万亿个奥林匹克运动会标准游泳池。大自流盆地的历史超过100万年，位于澳大利亚的中部和东部，是世界上最大的狭窄含水层之一，位于面积约200万平方千米的土地之下。其他大型含水层包括位于南美洲的120万平方千米的瓜拉尼含水层，和位于美国中部的450 600平方千米的奥加拉拉含水层。

奥加拉拉含水层

奥加拉拉含水层
3608立方千米

提供了大平原用水的 **81%**

每年以2.7米的速度在下降

比被自然补充的速度快**14倍**

　　奥加拉拉含水层的含水量为3608立方千米，是世界上最大的地下水储备水层之一。其总体水存量接近于休伦湖，提供了大平原用水的81%。这些被使用的地下水中，有94%是用于灌溉大平原中接近550万公顷农田。但自从20世纪40年代大规模灌溉开始以来，水面急剧下降。奥加拉拉用了6000年才填满，但它在目前被消耗的速度比被自然补充的速度快14倍，于是以每年2.7米的速度在下降。

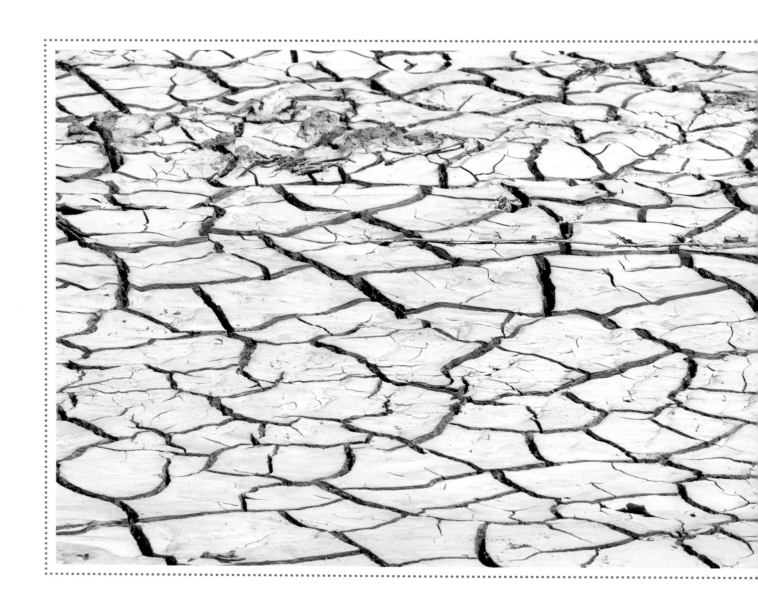

扩张的城市和集约型农业意味着，由于每年被抽出的水要多于被补充的水。

使用太多来自含水层的水会降低地下水位。在

人口超过1万人的欧洲城市中有60%的城市，其地下水被抽取的速度比被补充的速度快。在1986—1992年间，墨西哥城的地下含水层下降了5～10米。

全球**每年**因灌溉造
成的**盐积聚**而废弃
的农田面积为

160万公顷

几乎所有水中都含有溶解的矿物质盐。如果农田因没有合理排水而被过度灌溉，盐会在土壤里积聚，使农作物产量减少并最终使土地变得贫瘠。据估计，盐积聚问题影响着世界上20%的农田。在印度，盐已经实际破坏了所有灌溉土地的36%。据预测到2050年，澳大利亚将失去超过1700万公顷农田。

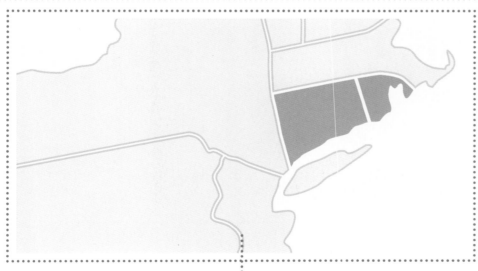

大概相当于**康涅狄格州和
罗得岛州的面积之和**

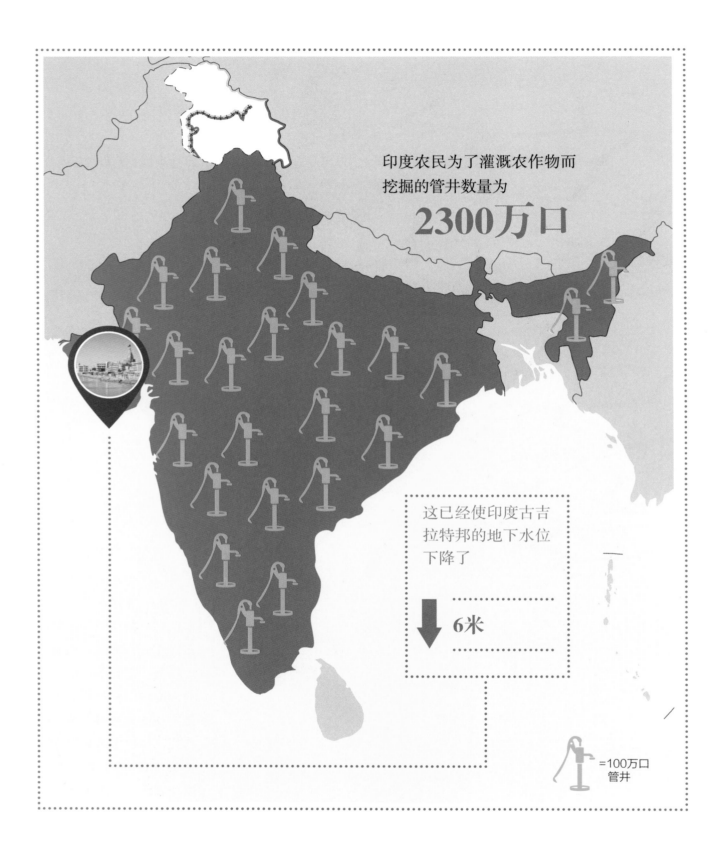

印度农民为了灌溉农作物而挖掘的管井数量为

2300万口

这已经使印度古吉拉特邦的地下水位下降了

↓ **6米**

= 100万口管井

据估计，全世界有15亿人依赖地下水生存。但地下水被抽取的速度比其被补充的速度要快，这意味着井需要被钻得越来越深以获得水源。在印度这样的国家，农民凭借能源补贴和宽松的法规挖掘了超过2300万口管井，地下水位已经下降了多达6米，古吉拉特等地区即将面临地下水严重短缺问题。

全世界居住在面临水资源短缺问题的
地区的人数为

21亿（2014年）

世界人口的 **30%**

水资源**最稀缺**或**最紧张**的10个国家
每年人均可获得淡水（立方米）

水资源最稀缺的国家

排名	国家	人均淡水/立方米
1	科威特	7.1
2	阿拉伯联合酋长国	19.0
3	卡塔尔	19.0
4	巴哈马	57.6
5	也门	84.7
6	沙特阿拉伯	85.5
7	巴林	87.6
8	马尔代夫	93.8
9	利比亚	109.0
10	新加坡	115.7

水资源最紧张的国家

排名	国家	人均淡水/立方米
1	南非	1019
2	黎巴嫩	1057
3	丹麦	1077
4	马拉维	1123
5	厄立特里亚	1163
6	捷克	1248
7	莱索托	1377
8	海地	1386
9	巴基斯坦	1396
10	埃塞俄比亚	1440

根据联合国定义，当一个国家每年人均可获得的淡水供应降到1700立方米以下时，该国就经受着"水资源紧张"。当人均供应降到1000立方米以下时，国民就面临着"水资源稀缺"；降到500立方米以下时，就面临着"水资源绝对稀缺"。由于水资源稀缺严重阻碍了经济发展、超出了环境负荷能力并且限制了食物供应，水资源紧张的地区必须就个人、农业和工业用水的分配做出痛苦的抉择。现在约有47个国家面临着水资源短缺，其中18个水资源紧张，29个则被归为水资源稀缺。

对2050年的预测

据预测，世界人口将从2010年的
69亿增加到**91亿**

据预测，世界城市人口将从2009年的
34亿增加到**63亿**

2014年的食物需求

2050年的食物需求

据预测，48亿人将缺少足够的淡水

据预计，对水电和其他可再生能源的需求将**提高60%**，

能源消耗将**激增58%**，

能源对水资源的消耗每年将**增加11%**

　　食物生产、工业化、人口增长、气候变化、全球争端、社会政治变迁以及中产阶级人群的扩张，这些因素相互交织的压力意味着，水资源稀缺程度将在接下来的六十年之内大大提高。

非洲人口将从2013年的
11亿增加到24亿

将有75亿人生活在低等和中等收入国家，
其中20亿生活在撒哈拉以南的非洲，
22亿生活在南亚

这些关于增长的预测，连同饮食结构的改变，
预计将导致未来对食物的需求增长 **70%**

面临水资源紧张或稀缺的
国家数量将增至54个，
其总人口将达到40亿

据预测，全球农业水资源的消耗
（包括雨养农业和灌溉农业）
将增加约19%，达到每年
8515立方千米

据预计，全球温度每年将上升2～3摄氏度。

为适应温度上升的花费将达到每年

700亿～1000亿美元。

受气候变化、砍伐森林、湿地消失、
海平面上升和洪水泛滥地区人口增长的影响，
全世界易遭受洪灾的人口数量预计将增至20亿

据预计，用于满足社会和
经济需求的淡水消耗将**增加24%**

据预计，生活在水资源紧张区域的
人口数量将**超过50亿**

美国最大的10个面临水资源枯竭的城市

按人口排名

注意：旧金山湾区包括旧金山、奥克兰和圣何塞。

由于长期干旱、人口增长和工业用水需求，美国的一些大城市正处于水资源枯竭的危机中。在短期内，圣安东尼奥和奥兰多面临着紧急的水资源短缺。

在过去，洛杉矶、拉斯韦加斯和奥兰多都发生过严重的水资源短缺，据预测在未来还会再次出现。休斯敦和图森已经被认定为水资源短缺风险最高的城市。

使用淡水最多的10个国家

10. 俄罗斯
76.7

3. 美国
482.2

5. 伊朗
93.3

2. 中国
578.9

6. 日本
88.4

4. 巴基斯坦
183.5

9. 菲律宾
78.9

8. 墨西哥
79.8

1. 印度
761.0

7. 印度尼西亚
82.8

单位：平方千米/年

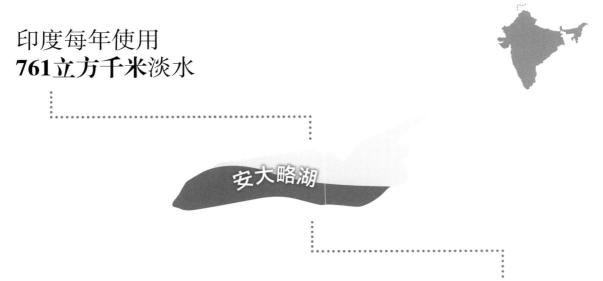

印度每年使用
761立方千米淡水

安大略湖

相当于耗尽**安大略湖的一半水**

印度使用的淡水量超过世界上任何其他国家。仅仅一年，印度就使用了相当于安大略湖一半体积的淡水。印度90%的淡水被用于农业。由于需求年年增加，淡水消耗在过去50年翻了3倍。

113 000 000 000 000升

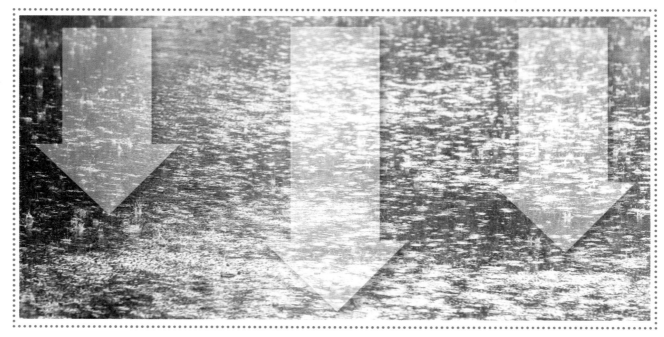

全球每天降水总量

90%
蒸发

从河流、湖泊和海洋的
水体表面

12 900立方千米
大气中的淡水

10%
蒸腾

光合作用时水从
植物中蒸发

大气中90%的淡水来自水体和光合作用的蒸发。

大气中的冷凝作用产生了水蒸气的云，最终形成降水。据估计，每天有113万亿升降水落在地球上。在2014年发射的一颗卫星提供了最新的全球雨雪观测结果，它是全球降水测量（GPM）任务的一部分。

低于
100毫米

南极洲麦克默多干谷的年降水量，
它是地球上最干旱的地方之一

世界上的干旱之地
（年降水量）

阿尔及利亚奥莱夫
（12.99毫米）

埃及卢克索
（0.862毫米）

利比亚库夫拉绿洲
（0.860毫米）

苏丹瓦迪哈勒法
（2.45毫米）

智利伊基克
（5.08毫米）

纳米比亚鹅鹕角
（8.13毫米）

你可能会以为地球上最干旱的地方之一是一片酷热难耐的沙漠，但它其实在南极，是地球上最冷的地方之一。南极洲的麦克默多干谷被高山阻隔，湿度极低，几乎没有冰雪覆盖。另一个极度干旱的地区是智利的阿卡塔玛沙漠，它的一些地区在400年中没有降水记录。由于干旱，这两个地区被认为是地球上环境最接近火星的地方。

"地球上最湿润的地方"印度乞拉朋齐在1860年8月1日至1861年7月31日这段时间内的降水量为

26.5米

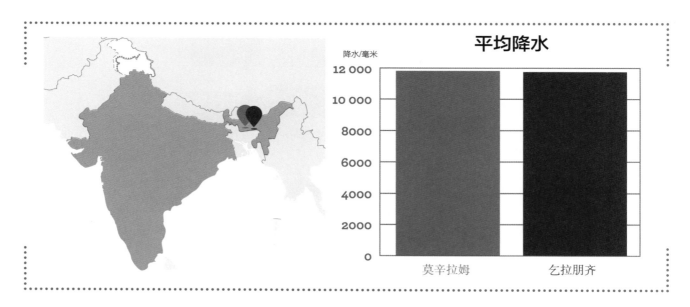

印度的乞拉朋齐保持着最高整年降水量纪录——从1860年8月1日至1861年7月31日期间的26.5米降水。乞拉朋齐平均年降水量为11.78米,紧随印度莫辛拉姆之后排在第二位,两地仅相距16千米,后者平均年降水量为11.87米。这两个印度城市时常相互交换"地球上最湿润的地方"的头衔。

自1970年以来，智利的埃乔伦冰川每年缩小的量为 **12米**

据预测，它会在**2058年完全融化**

在2009年，智利政府的一项研究发现

由于全球变暖引起的冰川融化，该国 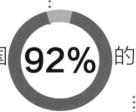 92% 的冰川正在消退

在被调查的**100座冰川**中，仅有**7座**处于稳定状态

　　2009年的一项研究显示，由于全球变暖引起的冰川融化，智利92%的冰川正在消退。该项研究发现，该国的冰川中仅有7座处于稳定状态。埃乔伦冰川坐落在安第斯山脉的西坡，位于智利首都圣地亚哥东边50千米。它提供了全城饮水的70%，并且在以每年12米的速度消退。据预测，它会在2058年完全融化。

居家的水足迹

从家庭用水来看，我们很难否认，有一种似乎取之不尽的资源正在流过我们的管道。北美人平均每天用掉378升水，用于沐浴、洗涤、烹饪和清洁。当你再把用于浇灌草坪、洗车和注满游泳池的水算进去时，北美人的生活状态就好像水资源缺乏不存在一样。相比之下，在非洲和亚洲的一些发展中国家，最近的淡水源可能在距居民区6千米以外，人们每天需要徒步行走长达6个小时，才能从可能已经被污染的水源中取回生活用水。水资源的稀缺性，如果你愿意也可以称为水资源的"珍贵性"，是由地理位置决定的，有些国家的水资源就是比其他国家多得多。但这并不意味着拥有丰富水资源的人有权浪费水。日常生活和购物时注意节水，可以大大减少我们每天使用的"常规"水和产品中的虚拟水消耗。例如，我们每天要把全部用水的30%通过马桶冲下去，安装低流量马桶、缩短冲澡时间以及刷牙时关掉水龙头，将对节水大有裨益。

非洲和亚洲女性步行取水的平均距离为

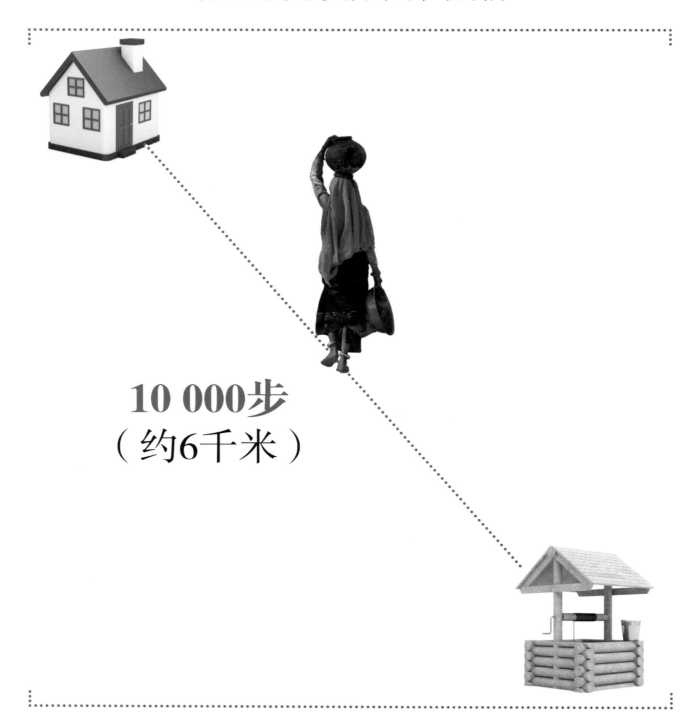

10 000步
（约6千米）

在非洲和亚洲的发展中国家，最近的淡水源的距离居民区时常会远达10 000步（约6千米）。在非洲，为家庭采集淡水的工作90%由女性完成，她们平均每天花费6小时，头顶沉重的容器往返多次取水。

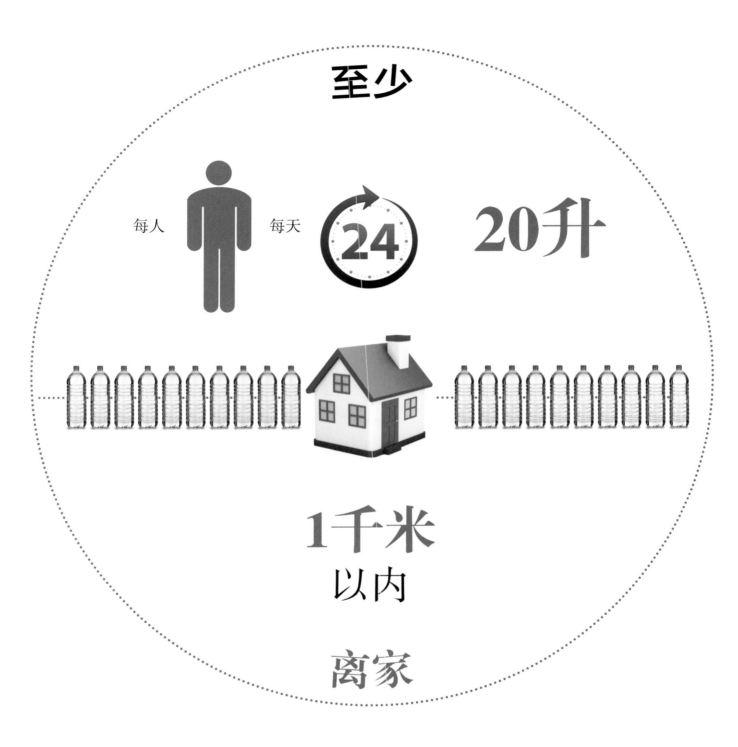

至少

每人 每天 24 **20升**

**1千米
以内**

离家

世界卫生组织对"水的合理获得途径"的定义

水的"合理获得途径"的意思是能为每人每天提供至少20升水并且位于用水者住处1千米以内的水源。在美国和加拿大，人均每天使用375升水，用于家庭活动和庭院劳动，比如饮用、烹饪、洗涤和园艺。

加拿大人平均住宅用水

每人   每天   24   **274升**

加拿大各省住宅**用水**（单位：升）

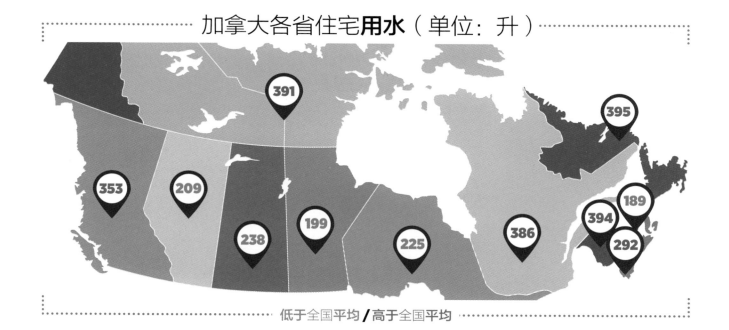

低于全国平均 / **高于全国平均**

　　2009年，加拿大人每人每天平均住宅用水为274升。耗水量因省而异，住宅用水最多的是魁北克省和海洋各省，最少的是草原各省。

美国人平均住宅用水

······ 每天用水量（升）最高的五个州 ······

719	708	704	625	575
内华达州	爱达荷州	犹他州	夏威夷州	怀俄明州

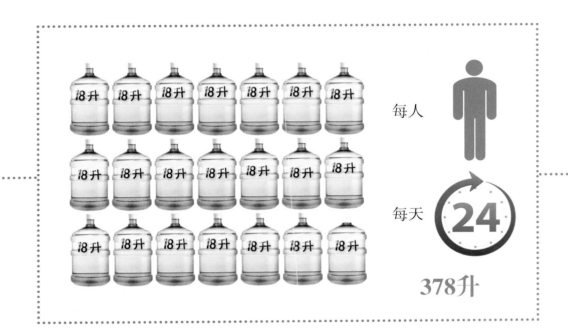

每人

每天

378升

······ 每天用水量（升）最低的五个州 ······

204	216	216	231	241
缅因州	威斯康星州	宾夕法尼亚州	特拉华州	佛蒙特州

美国人每人每天平均用水为378升。一般来说，北部州和东部州的家庭耗水量是最低的，而较干旱的山区和西部州的家庭耗水量最高。

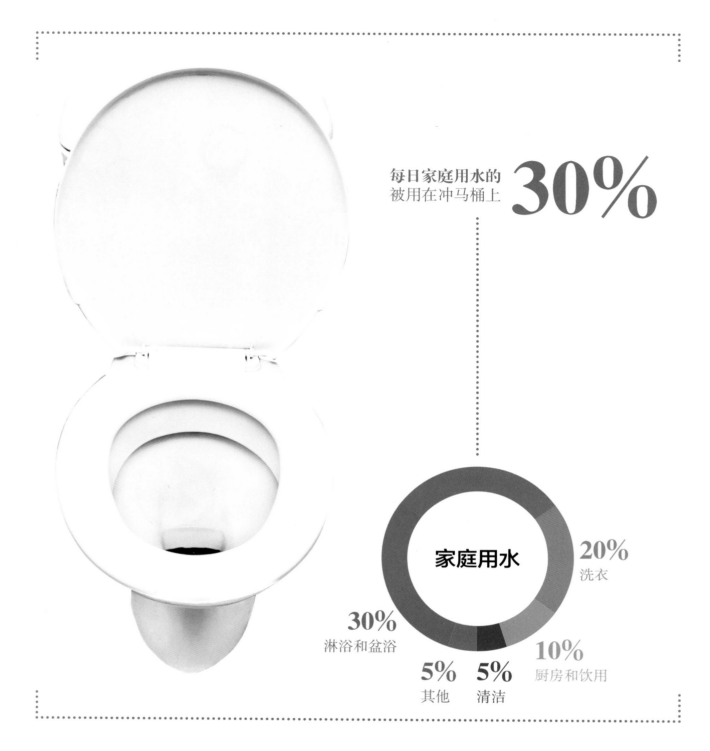

每日家庭用水的
被用在冲马桶上 **30%**

家庭用水

20%
洗衣

30%
淋浴和盆浴

10%
厨房和饮用

5%
其他

5%
清洁

　　每人每天平均冲5次家用马桶。高效马桶每冲一次的用水量低至3.75升，而标准老式马桶每冲一次的用水量为16～23升。用老式马桶的话，平均每人每天会将80～100升高质量用水冲进管道中。这相当于一个人每日用水的30%。

要产生1千瓦·时电能需要

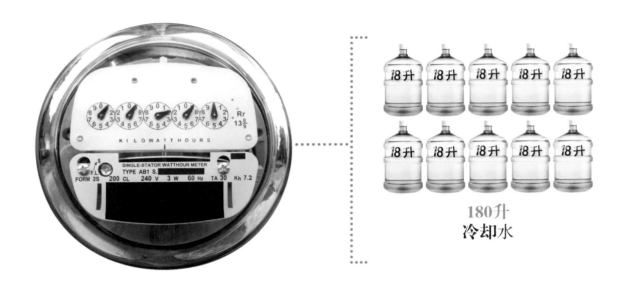

180升
冷却水

------- 1千瓦·时电能足以 -------

点亮一只100瓦的
白炽灯泡10小时

支持5小时上网

吹干头发3次

做1个生日蛋糕

　　热电厂用蒸汽涡轮机发电。无论是用化石燃料还是核反应堆作为热源，既需要用水来制造蒸汽，也需要用水在蒸汽通过涡轮后将其冷却。尽管水在被冷却后会回到其自然源头，取水过量还是会导致热污染并损害当地生态系统。

16.9%

为2006—2011年间泰国瓶装水消耗量的增长率。该数字不仅超过了中国，而且是世界平均值（**5.5%**）的**3倍以上**

瓶装水消耗量最大的10个国家
及其增长率（2006—2011年）

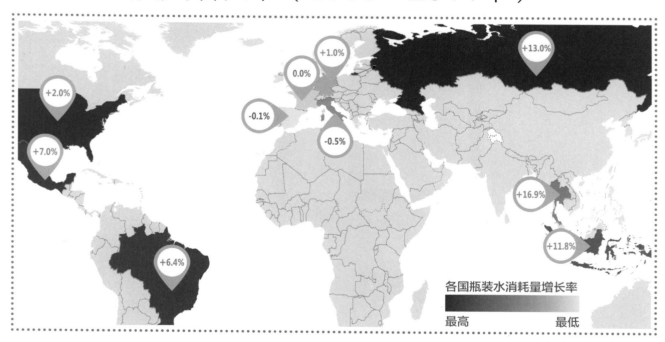

各国瓶装水消耗量增长率

最高   最低

全世界对瓶装水的痴迷持续增长，其中美国的年瓶装水购买量是最多的，2013年总购买量为380亿升。在2009年，美国人共花费了210亿美元在瓶装水上，几乎赶上为维护美国水系统而花费的290亿美元。

一场10分钟的淋浴会用掉

160～190升水

在4分钟内冲完澡，
并使用一个节水淋浴头，
将少用100多升水

大多数人认为淋浴比盆浴用水少，但英国的研究显示出相反的结果。悠闲的淋浴者会轻易用掉超过160升水，而盆浴平均消耗75～80升水。一场10分钟的淋浴会用掉160～190升水。在4分钟内快速冲完澡，并使用一个节水淋浴头，将少用100多升水。

开着水龙头花5分钟刮胡子，会用掉

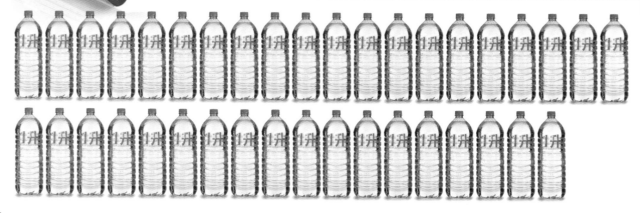

———— 38升水 ————

对于一个天天刮胡子的男人而言，**每年会用掉多达13 870升水**，这都相当于一个中等大小的洒水车的容量了

浴室水龙头平均每分钟可以流出7.6升水。一般开着水龙头花5分钟刮胡子的过程，将会使得38升水流进下水道。对于一个天天刮胡子的男人而言，这样做每年会用掉13 870升水，这都相当于一个中等大小的洒水车的容量了。仅需关掉水龙头并堵上水槽，可以少用2/3的水。

生产一条牛仔裤需要

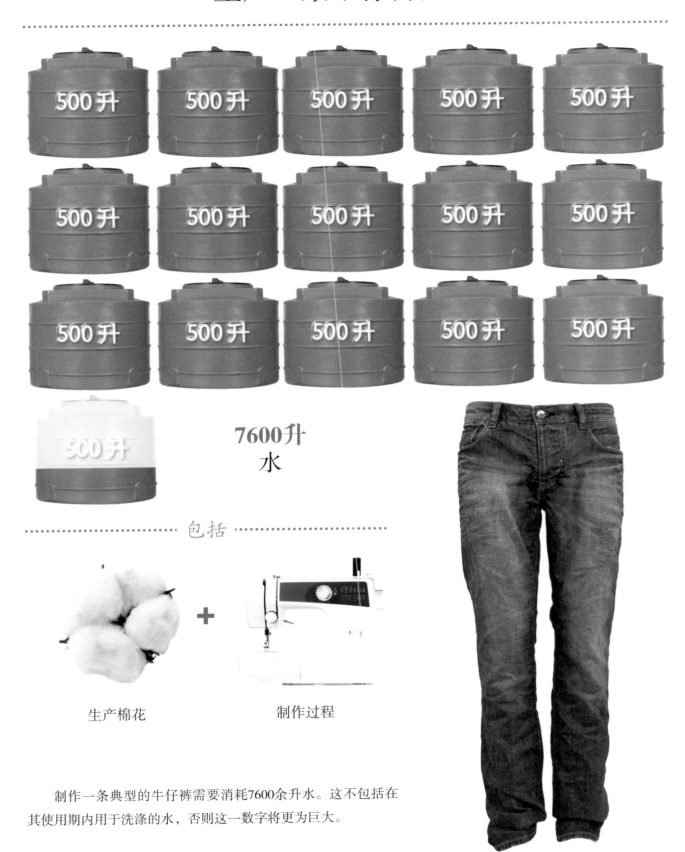

**7600升
水**

包括

生产棉花 + 制作过程

制作一条典型的牛仔裤需要消耗7600余升水。这不包括在其使用期内用于洗涤的水，否则这一数字将更为巨大。

生产
一件棉衬衫
需要

250升 250升
250升 250升
250升 250升
250升 250升
250升 250升
250升

生产
一件涤纶衬衫
需要

250升 250升

**350升
水**

**2750升
水**

生产1千克重的印花棉纺织品，需要将近11 000升水。如此一来，一件250克重的棉衬衫将产生2750升的水足迹。这些水按体积来算，33%是种植棉花使用的蓝色的灌溉用水，54%是绿色的雨水，13%是用在加工和洗涤上的灰色水（见72页）。涤纶的水足迹几乎为零，因为制造涤纶几乎不用水。然而，制造涤纶衣物和制造棉质衣物一样要用到染料和处理剂，并且也同样需要清洗，因此涤纶衬衫的水足迹约为350升。

生产一双皮鞋要用

8000升
水

6千克
牛皮

每千克牛皮用17 000升水

250千克

　　大多数皮鞋是用牛皮制造的。一只肉牛在其生命终点时的水足迹约为190万升。这些水平均有5.5%用于牛皮的生长。一头重250千克的肉牛将产生6千克皮，牛皮的水足迹为每千克17 000升。鞣制过程也包含费水的工序。一双鞋用400克皮的话，可以算出这双新的翼形饰孔皮鞋大约会用掉8000升水。此外，用羔羊皮制造的绒面革所生产的一双鞋的水足迹只会用掉牛皮鞋水足迹的1/3左右——2667升。

真皮与人造革

真皮沙发

一个三座真皮沙发需要

8千克 真皮

喂牛和鞣制生皮需要

× 944

每千克真皮
17 000升水

总用水

136 000升

喂牛和鞣制生皮使真皮的虚拟水足迹为每千克真皮17 000升水。包覆一个三座沙发需要8千克真皮，总体水足迹达到了136 000升。相对而言，生产

人造革沙发

一个三座人造革沙发需要

23米 面料

人造革沙发面料需要

× 4

每千克面料
70升水

总用水

1610升

1米人造丝或乙烯基塑料等人造沙发面料仅需消耗70升水。包覆相同的沙发仅需1610升。

一块布尿片的水足迹是

 **15升水**

一块一次性尿片的水足迹是

545升水

种植棉花以生产一块布尿片需要750升水；而由于一块布尿片平均被重复使用50次，其水足迹仅为15升。由于一次性尿片是由蓬松的木浆、超级易吸收的聚合物和未编织的聚丙烯制成的，因此每一张都需要多达545升水。

每月从一个平均大小的游泳池蒸发的水量为 **3800升水**

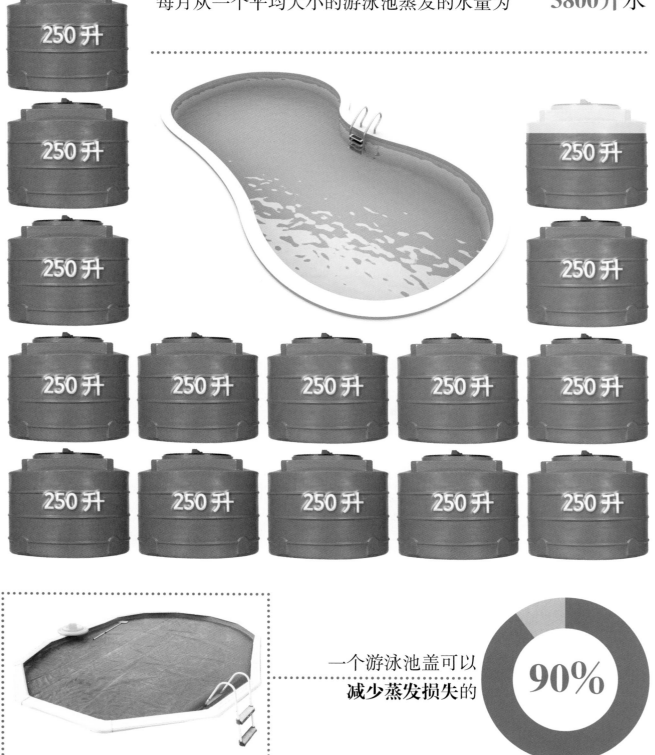

250 升
250 升
250 升
250 升
250 升
250 升
250 升
250 升
250 升
250 升
250 升
250 升
250 升
250 升
250 升

一个游泳池盖可以**减少蒸发损失的** **90%**

在美国拥有游泳池的家庭超过500万个（在加拿大超过100万个）。游泳池平均能盛水50 000升，并且每月因蒸发损失掉约3800升。加热游泳池会加快水的蒸发，一个游泳池盖可以使这种损失减少多达90%。

在旱季**每打一场高尔夫球**，用来
维护球场的水量为

8000升水

为了使**世界上的高尔夫球场保持茂盛和绿色**，预计
每天需要消耗94亿升水。

大约是胡夫金字
塔体积的**4倍**

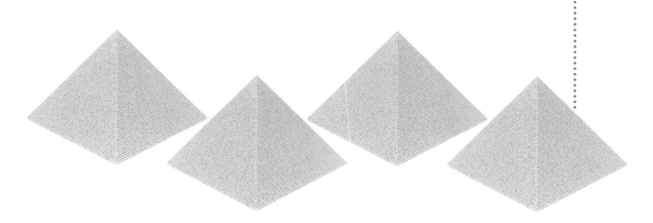

高尔夫球场的草皮储水能力非常有限。要想在旱季使30公顷草皮保持健康，每年可能会消耗多达4.32亿升水，每打一场高尔夫约消耗8000升水。据估计，要灌溉世界全部高尔夫球场，每天要消耗94亿升水。

生产一块长30厘米
的集成
电路板需要 ....

4165升
超纯水

生产微芯片需要大量的水。含集成电路的硅半导体必须用尽可能纯净的水清洗，直到不留残渣。超纯水（UPW）比平常的水纯净1000万倍，需要经过12道过滤步骤生产。位于美国佛蒙特州伯灵顿的一家IBM（国际商业机器公司）微芯片厂，每天要生产750万升超纯水。

生产一部
智能手机需要

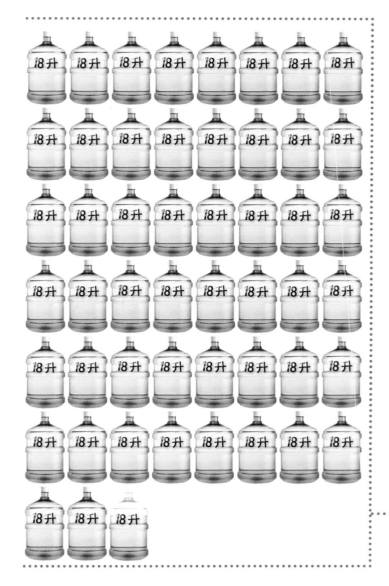

910升
水

从制造微芯片，到挖掘用于制造电池的金属，到打磨用于触摸屏的二氧化硅玻璃，普通手机和智能手机的整个生产过程中都要用到水。制造每部智能手机总计需要约910升水。被使用的手机的数量预计很快会超过世界人口总数。制造这些手机需要6.7万亿升水，其中大部分是蓝色水和灰色水（见72页）。

生产一枝玫瑰需要

9.2升水

在美国，每一个情人节会
卖出2.15亿枝玫瑰

这大约需要20亿升水

　　我们购买的许多切花都来自肯尼亚，特别是纳瓦沙湖附近地区，它位于内罗毕西北面的大裂谷。切花是肯尼亚的第三大产业，仅次于茶叶和旅游业。纳瓦沙湖附近的切花生产的水足迹在过去的15年里翻了1倍多。种植和收获一枝25克的玫瑰需要9.2升水。在美国，每一个情人节会卖出2.15亿枝玫瑰，它们加起来大约需要20亿升水。

生产1克拉钻石需要

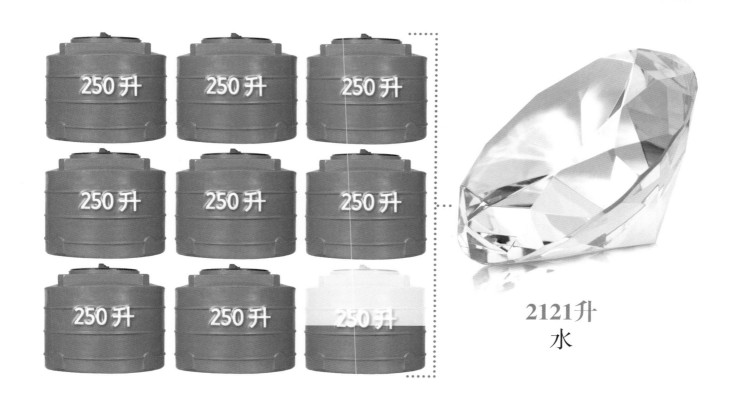

250升 250升 250升
250升 250升 250升
250升 250升 250升

2121升
水

基本价值与
美学价值

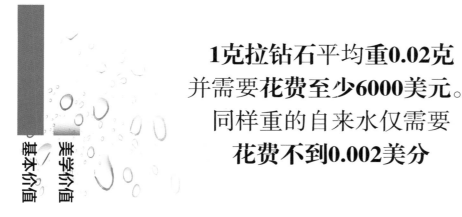

1克拉钻石平均重0.02克
并需要花费至少6000美元。
同样重的自来水仅需要
花费不到0.002美分

美学价值 基本价值

美学价值 基本价值

　像水这样对于生命而言如此必要的东西在市场上的价值比钻石低得多，钻石对人来说不是必要的，但它具有很高的美学价值和社会地位价值。每升自来水只卖不到1分钱，而1克拉钻石要价至少6000美元。

以盎司论（1盎司＝28.35克），钻石的价格是水的几十亿倍。大量的水被用于将钻石从地下采掘出来，以及擦洗和洗涤碎矿石：在2010年，生产1克拉钻石需要2121升水。

"在家节水是件好事，但由于人类产生的86%的水足迹并不来自家里，而来自食物、天然纤维、石油和能源的制造，所以你的购物选择也至关重要。"

——阿尔扬·霍克斯特拉教授

食物的水足迹

所有形式的食物，不管它们来自动物还是植物，都需要水来生产。当把水考虑进去时，将一包食品摆上餐桌可不是一件像表面上那样简单的任务。肉餐所需的水是素餐的两倍多，而以杯而论的话，种植咖啡豆所需的水比种植茶叶更多。当种植在水资源紧张的地区的蔬菜被出口到水资源丰富的地区时，水资源紧张的地区实际上正在出口一种食物形式的稀缺资源。从全球经济的视角来看，选择哪个食品并没有清晰的对错之分——特别是当营养、价格、季节性都被考虑在内时。而随着食物的产地不同，水足迹可大可小。由于基于耗水量购买食物的比较复杂，所以只能按照一个大致原则来做决定：素餐比肉餐用水少，本地食品比进口食品用水少，并要考虑到选择远处生产的食物时，其产地的水的可得性。

2014年加拿大卫生部关于饮用水的指导原则的数量为 **105条**

指导原则分解

化学污染物

91

7 7

放射性污染物　　微生物污染物

　　尽管加拿大饮用水通常质量极佳，在2013年仍有105条测试饮用水的分类指导原则，分别为处理化学污染物（91条）、放射性污染物（7条）和微生物污染物（7条）。处理微生物污染物的指导原则的优先级最高，例如细菌（大肠杆菌）、原生动物（隐孢子虫）和病毒。尽管水需要经过的测试条目包罗万象，从汞、汽油、氰化物、石棉、三氯乙烯到铯、铅、锶90。

2004—2009年美国45个州饮用水受鉴定污染物的数量

316

114

种污染物被列在**环境保护局安全标准中**

202

种化学物质**不受到任何对饮用水的政府规定的约束**

一项2004—2009年的水质研究显示了2.56亿美国人日常用水中的工业污染物、工业化学物质和废水副产物（包括硝酸盐、砷和锶90）。虽然其中114种污染物被列在环境保护局安全标准中，却有另外202种化学物质不受到任何对饮用水的政府规定的约束。最干净的自来水位于得克萨斯州的阿灵顿，而最差的位于佛罗里达州的彭萨科拉，那里的自来水被检测到了45种接触性污染物和35种工业污染物。

生产一杯茶需要

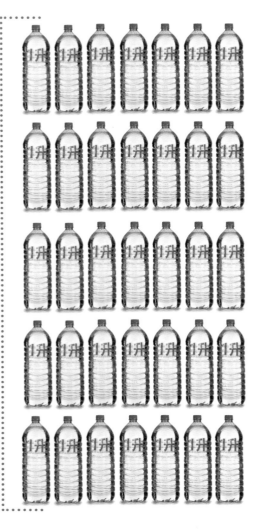

35升
水

　　茶的虚拟水含量主要包括雨水。用一只茶包泡的一杯（约240毫升）茶所用到的干红茶叶需要用35升水来种植、加工和发酵。如果你在茶里加了柠檬、牛奶和糖，这杯茶的水足迹将会更高——用于种植甘蔗、柠檬树和喂奶牛的草地。

生产一杯咖啡需要

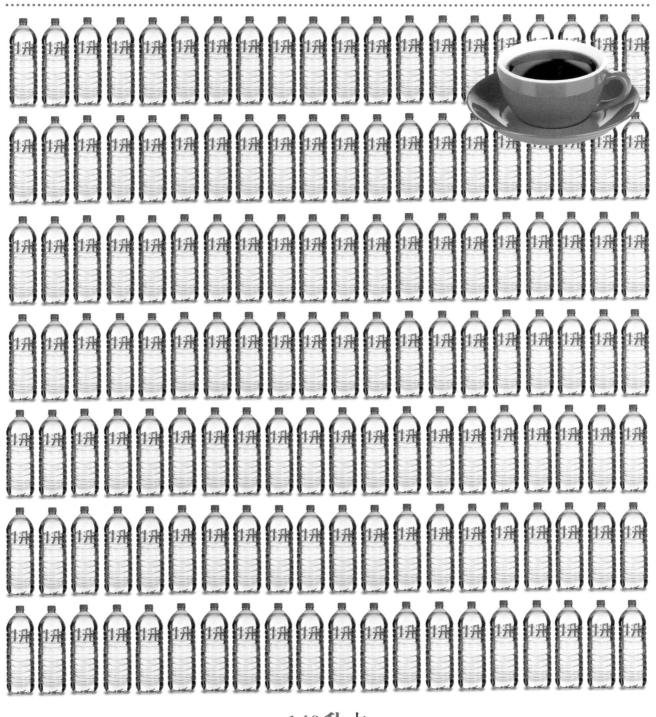

140升水

制作咖啡是北美使用饮用水最多的事之一。一杯（约240毫升）咖啡需要140升虚拟水来获得用于研磨的咖啡豆。相较之下，一杯茶仅用了35升虚拟水。

生产一个苹果（150克）需要

125升水

················ 其他水果需要的水量 ················

芒果
310升水

牛油果
161升水

菠萝
130升水

水足迹可分为3部分：**蓝色水足迹**，表示生产过程中地表水和地下水的用量；**绿色水足迹**，表示雨水的用量；**灰色水足迹**，表示需要恢复纯度的用水量。

水果天然具有较高的绿色水足迹，例如，苹果水足迹的68%是绿色的。

生产一个西瓜（5千克）需要

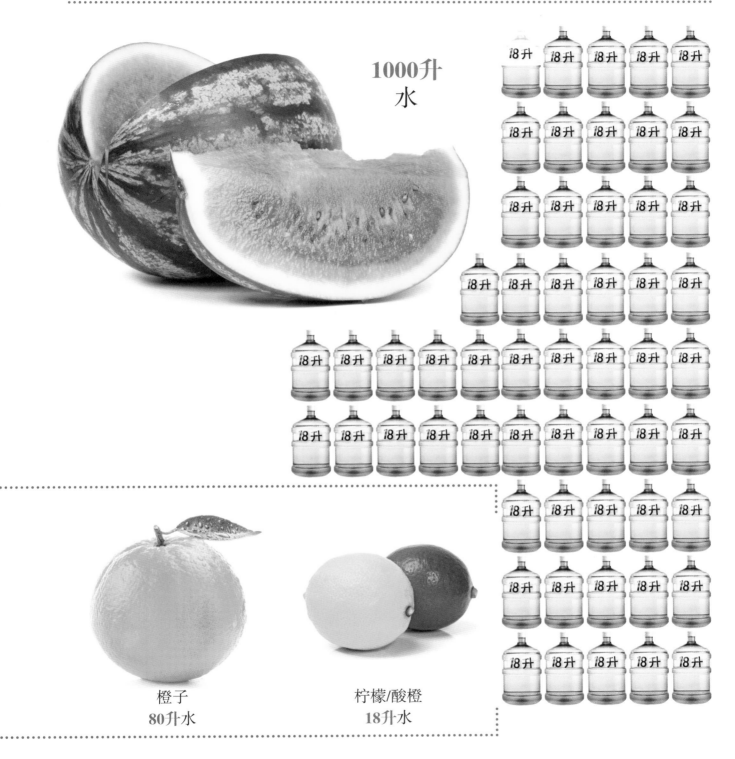

1000升水

橙子
80升水

柠檬/酸橙
18升水

西瓜82%都是水，天然需要大量水来种植——它需要在收获季持续浇水和灌溉。一个5千克的西瓜，在生长、收获和分销过程中会吸收掉超过1000升的真实水和虚拟水。

生产1千克番茄平均需要

214升
水

························ 番茄制品甚至需要更多水 ·······················

1千克番茄酱

530升
水

番茄是人类最重要的食物之一,世界上每年大约会生产1.15亿吨新鲜番茄。在番茄90～120天的生长期内需要对供水进行控制。这使得番茄的总体平均水足迹达到每千克约214升——其中50%为绿色水,30%为蓝色水,20%为灰色水。番茄制品甚至需要更多水,例如,生产番茄酱需要的水是番茄本身的两倍多。

生产1千克香蕉需要

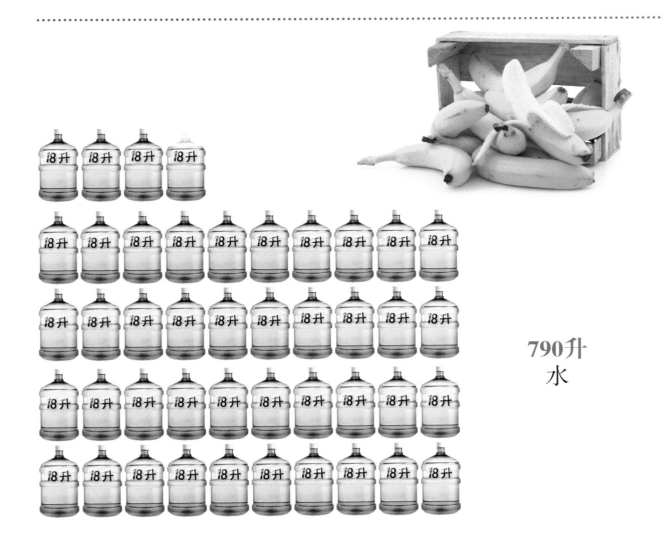

790升
水

160升
水

香蕉是世界上最受欢迎的水果之一——美国人每年吃的香蕉比苹果和橙子加起来还多。生产和加工1千克香蕉需要用掉约790升水，每根香蕉需要用掉约160升水，种植香蕉占其中的约84%，采摘后，香蕉还要用成箱的淡水洗涤几次。

用**甜菜**生产
1千克
糖需要

用**甘蔗**生产
1千克
糖需要

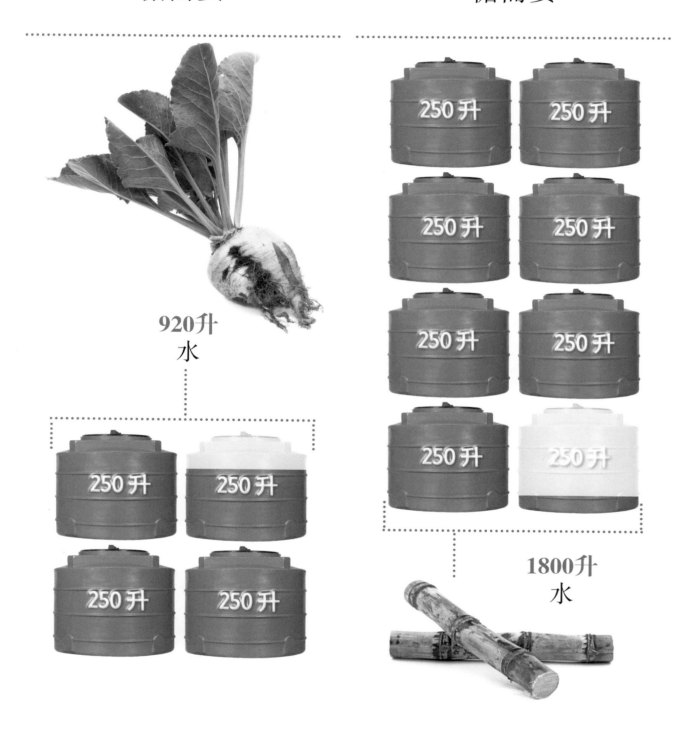

920升
水

1800升
水

生产100克精制糖需要大约210升水。甘蔗通常利用灌溉种植，它具有比甜菜制造的糖更高的蓝色水足迹，后者的种植地气候温和，接受更多雨水，因此具有较低的水足迹。

生产1千克精制大米需要

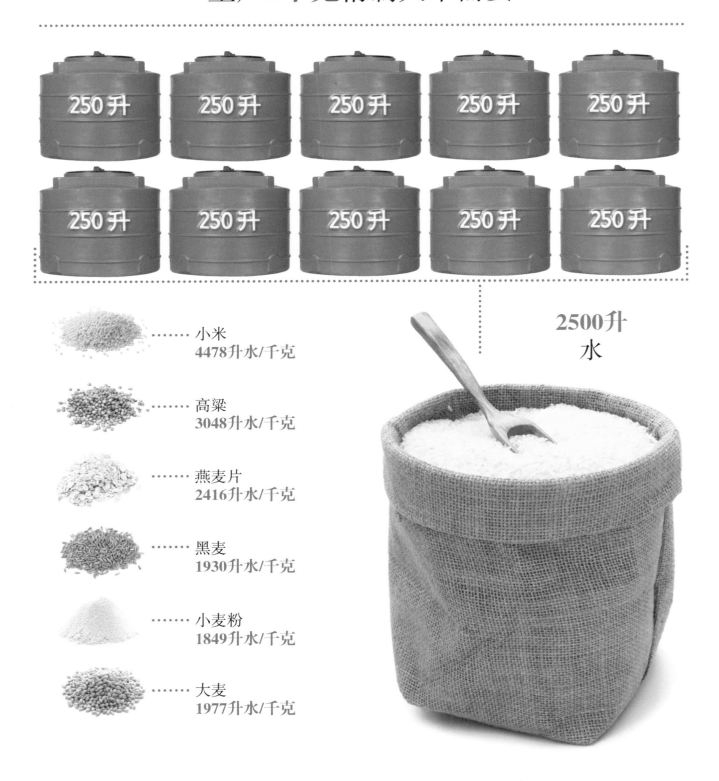

250升 250升 250升 250升 250升

250升 250升 250升 250升 250升

小米
4478升水/千克

高粱
3048升水/千克

燕麦片
2416升水/千克

黑麦
1930升水/千克

小麦粉
1849升水/千克

大麦
1977升水/千克

2500升
水

作为30亿人的主食，大米也是世界上最大的用水者之一。仅生产1千克精制大米平均就需要2500升水。

生产1千克干意大利面需要

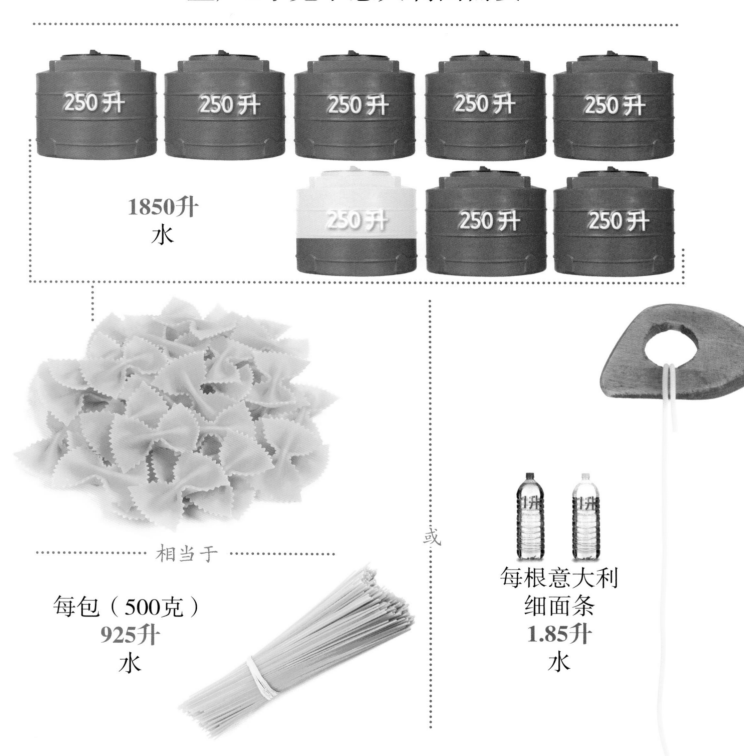

1850升
水

相当于

每包（500克）
925升
水

或

每根意大利
细面条
1.85升
水

最常见的意大利面是用杜兰小麦粉和水制成的。小麦的整体水足迹平均为每包500克消耗925升，这么多意大利面足够四人份。意大利面的水足迹会根据浇的酱不同而发生变化。一份简单的番茄酱包括了番茄的水足迹，如果是春蔬意大利面还要加上新鲜蔬菜的水足迹；如果是阿尔费雷多意大利面和番茄牛肉末意大利面，还要分别加上奶油和牛肉的水足迹。

生产一个鸡蛋（60克）需要

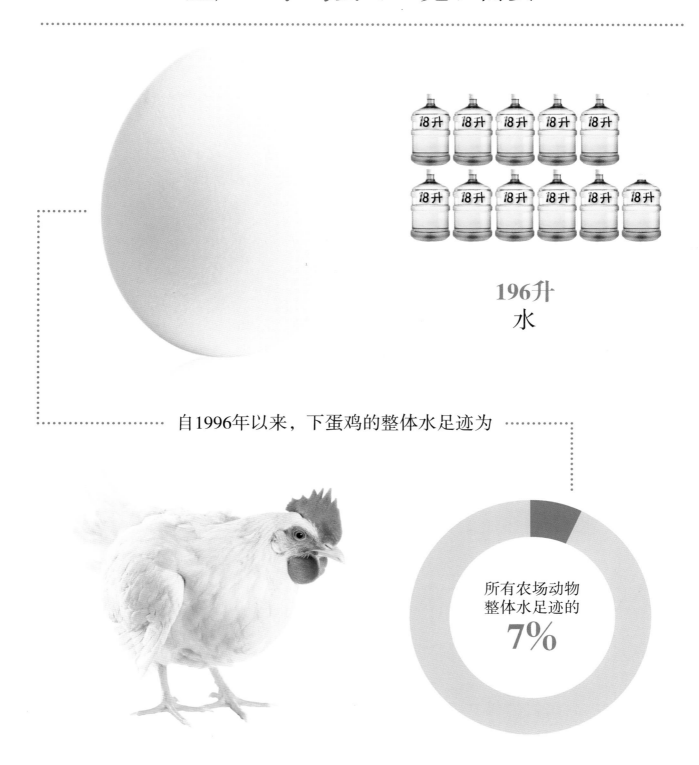

18升 18升 18升 18升 18升
18升 18升 18升 18升 18升 18升

196升
水

自1996年以来，下蛋鸡的整体水足迹为

所有农场动物
整体水足迹的
7%

在全世界范围内，生产一个60克的蛋平均需要196升水，其中大多数是用来养鸡的。鸡是耗水的物种——自1996年以来的10年，下蛋鸡的水足迹为世界所有农场动物整体水足迹的约7%。

生产一块（250克）黄油需要

**1387升
水**

全脂牛奶的整体水足迹平均每千克约为940升。由全脂牛奶制造的黄油占其中的约28%，剩余的72%来自脱脂牛奶。生产一块（250克）黄油需要大约1387升虚拟水。

生产一瓶1升的橄榄油需要

15 100升
水

　　橄榄的整体水足迹平均为每千克3020升水。由于生产200克橄榄油需要大概1千克橄榄，生产一瓶1升的橄榄油需要大约15 100升水。

生产一瓶500毫升的
可乐需要

175升
水

真实水
500毫升

成品制造和供应链
11.5升

调味品生产
163升

可乐中几乎全是水，所以一瓶500毫升的可乐实际含有500毫升水。这是直接用水量。但可乐瓶中不止有水。当你将所有调味品原料（最大费水因素）的生产、成品制造和供应链包含在内时，每瓶可乐需要大约175升水。

生产一条巧克力（200克）需要

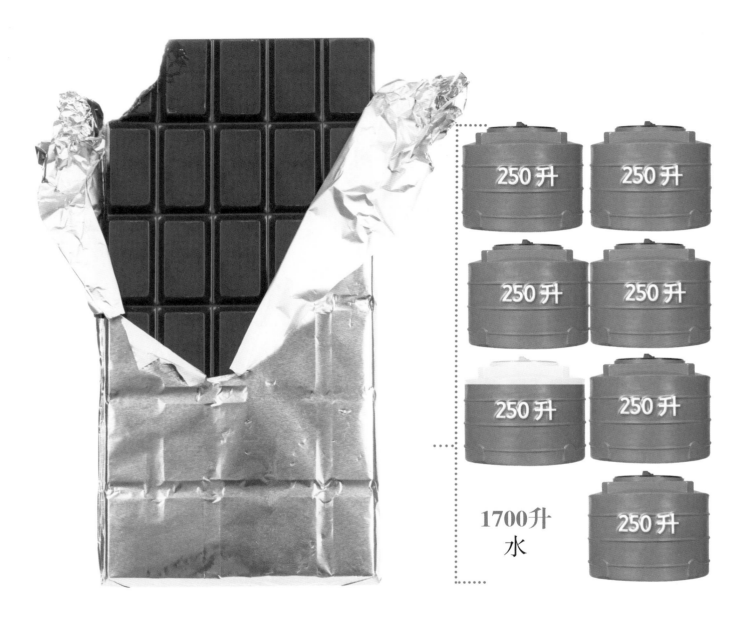

250升　250升

250升　250升

250升　250升

1700升
水

250升

　　巧克力是用具有高水足迹的原料制成的：可可酱、可可脂和蔗糖。可可豆是在热带雨林生产的，需要大量的水才能生长。

生产一瓶750毫升的威士忌酒需要

250升　250升　250升　250升　250升

1218升水

其他酒精饮料每升需要

红葡萄酒
770升
水

啤酒
370升
水

伏特加酒
302升
水

杜松子酒
433升
水

水被用于制造威士忌酒的方方面面。仅仅种植大麦以制造一瓶750毫升纯麦威士忌，就需要约960升水。用于大麦发芽、蒸馏、陈酿以及使威士忌达到装瓶浓度——40%（体积分数）酒精度——的水合计能达到1218升的虚拟水足迹。苏格兰威士忌产业每年要用掉610亿升水。

生产一个芝士汉堡需要

2400升水

150克牛肉糜 **2310升水**	一片10克的奶酪 **50升水**	圆面包 **50升水**

　　一个普通的140克的汉堡需要2400升水——这是北美人平均每天消耗在饮用、淋浴、洗盘子和冲厕所上的水量的许多倍。其中大多数的水是用于生产牛肉的，其水足迹为每千克牛肉15 415升。一片芝士和一块圆面包为此增加了约100升虚拟水。土豆、生菜、腌菜和蛋黄酱等配料会进一步增加水足迹。

生产一块小的玛格丽特比萨需要

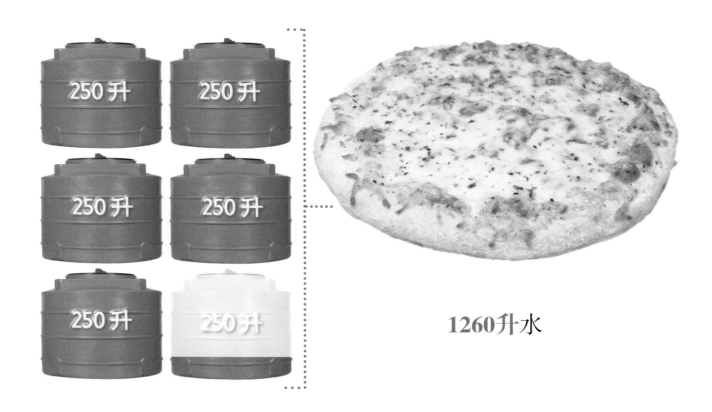

1260升水

这些水按照每种原料分解

莫泽雷勒干酪
50%

小麦粉
44%

番茄酱
6%

一块比萨的水足迹取决于其原料和配料。以最简单的玛格丽特比萨来说——它是用小麦粉、番茄和莫泽雷勒干酪制成的——其虚拟水的最大部分用于番茄的栽培和提供干酪用奶的奶牛的饲料作物。一块725克的玛格丽塔比萨的平均整体水足迹为1260升。莫泽雷勒干酪水足迹占总耗水量的大约50%，小麦粉为44%，番茄酱为6%。

生产1千克宠物食品需要

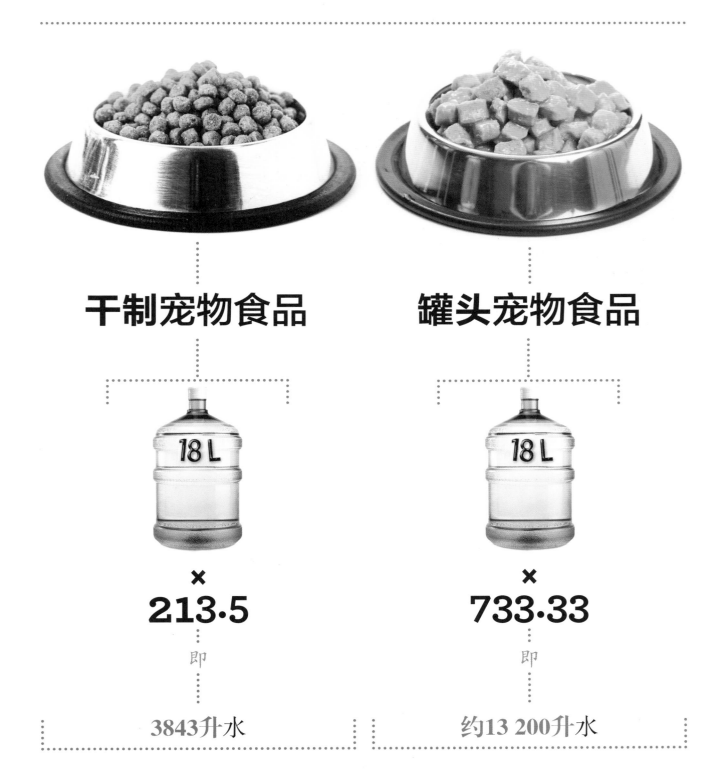

干制宠物食品

× **213.5**

即

3843升水

罐头宠物食品

× **733.33**

即

约13 200升水

　　猫和狗的干制宠物食品所含的水（仅6%~10%）比湿润的罐装种类所含的水（60%~90%）少得多。干制和罐装宠物食品的水足迹的不同类似于谷物和牛肉的水足迹的不同。水足迹最低的宠物食品类型就是干制素食类宠物食品。

生产200千克无骨牛肉所需的水量为 **310万升**

饲养一头牛需要

饮用水
24 000升

粗纤维
7200千克
（牧草、干草、青贮饲料）

维护用水
7000升

谷物
1300千克
（小麦、燕麦、大麦、玉米、
干豌豆、大豆）

　　动物的水足迹比农作物大得多。肉牛和奶牛的平均水足迹为每千克牛肉15 400升水。这些水的最大一部分（83%）耗费在得到的牛肉上，5.5%耗在牛皮上，剩下的水耗在其余牛肉副产物上，包括尸体、内脏和精液。1996—2006年牛肉生产的整体水足迹大约是所有动物生产整体水足迹的三分之一。

生产1千克牛肉需要

**15 400升
水**

这几乎**是一辆
混凝土搅拌车
容积的1.5倍**

············· 其他肉类需要 ·············

羔羊肉	猪肉	山羊肉	鸡肉
每千克6100升	每千克4800升	每千克4000升	每千克3900升

牛肉生产的整体水足迹大约为每年8000亿立方米。动物产品的水足迹几乎总是比农作物更大，这是因为饲养牲畜需要大量饲料。饲料作物占据了牛肉水足迹的多达99%。牛肉的真实水足迹极大程度取决于牛的饲养方式和饲料的成分与来源。

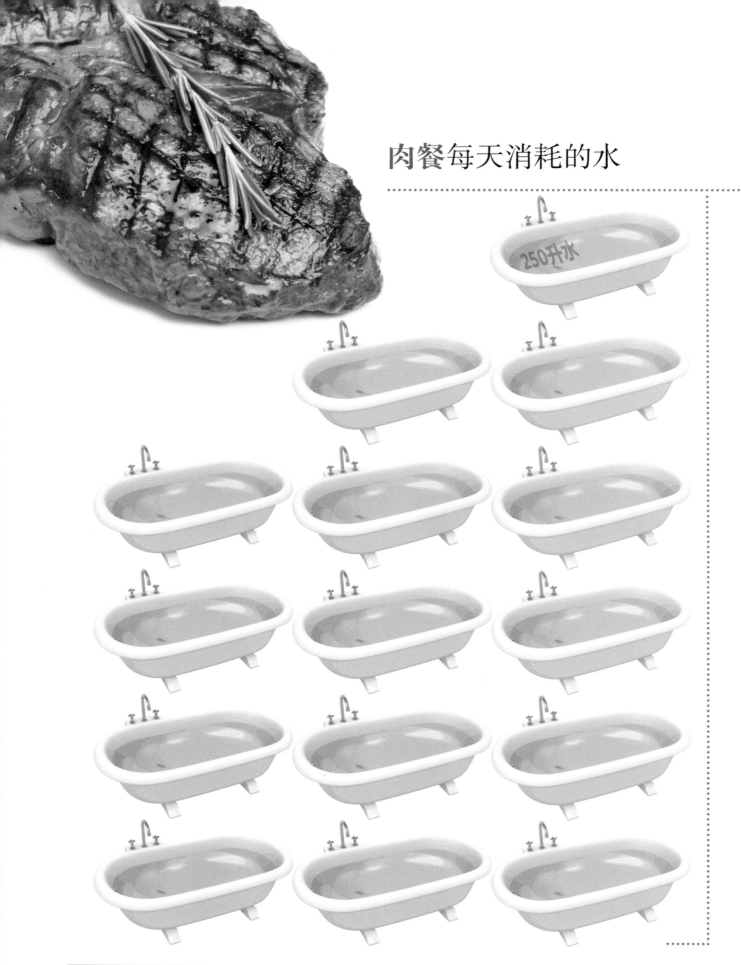

肉餐每天消耗的水

250升水

相当于15个大浴缸

**而素餐每天
消耗的水仅**

相当于8个

在一个工业国，含有3400卡的日常肉餐每天会消耗3750～5000升虚拟水。这些水足以填满15个大浴缸。素餐可以提供等额的卡路里，但其虚拟水足迹要小得多——每天2000～2700升，足以填满8～10个浴缸。这种差异在于前者用于生产肉类的动物消耗掉的农作物。

"唯有脏水洗不净。"

——西非谚语

制造业和农业的水足迹

我们生产的一切产品，包括用品和食品都需要水。但我们谈及能源时，很少考虑到生产能源的耗水量，不管天然气还是电。印刷这些文字的纸张的生产也需要水——实际上量还很大——这还不算用于种植生产纸张的树木的水。汽车作为我们最钟爱的交通形式，需要大量水来制造其内部的钢铁、橡胶和塑料部件。天然气燃料的制造过程要用到水，如果天然气是从焦油砂中蒸发出来的，或是由专门被培植用于生产精制汽油添加剂的玉米制成的，用水就更多了。尽管用于制造燃料的水总是受到污染，但用于在水电厂运转涡轮机的水是"借来的"水，它在被使用后将重返环境中。灌溉用来生产燃料的玉米的地下含水层（至少在我们这一代人的有生之年中）将会消失，除非它能以与被提取速度相同的速度得到自然补充。

石油砂的表面开采与原地开采

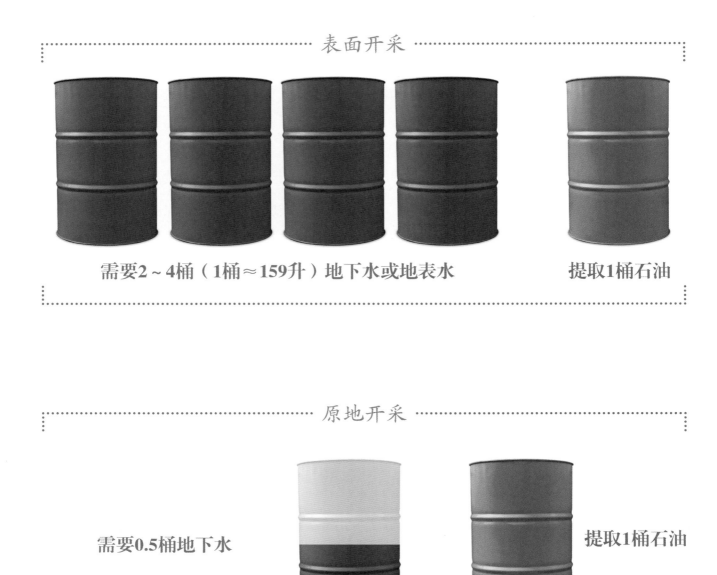

表面开采

需要2~4桶（1桶≈159升）地下水或地表水　　　提取1桶石油

原地开采

需要0.5桶地下水　　　提取1桶石油

沥青或重原油可以通过表面开采或原地开采从石油砂中提取出来。当原油接近地表时，使用表面开采方法，用它生产1桶油需要2~4桶水来将沥青从砂中分离。原地开采涉及打井以达到深层的沉积石油砂，注入蒸汽使石油液化并将其泵至表面。用这个方法生产1桶沥青仅需0.5桶水。其中大多数为地下水，并且大多数水在被排放到地下深处之前会被重复使用。生产1桶石油大约需要2吨石油砂。

生产1升大豆制备的生物柴油燃料需要

11 397升水

如果将这些1升装的瓶子首尾相接地叠放，将足以达到纽约帝国大厦高度的11倍！

用大豆、玉米和糖等农作物制造的生物燃料正在持续向农业用地施加压力。尽管生物燃料是可再生的，但它们的水足迹比传统化石燃料大得多。以制造出的能源为基准计算，大豆制备的生物柴油的水足迹是原油的3000倍以上。

据预测，到2030年生物燃料的用量将达到

每天320万桶

5% 全世界使用
生物燃料的机动车的
比例到2030年将达到5%

这些燃料的生产可能会
消耗掉当前全世界全部
农业用水的20%

　　据国际能源署预测，到2030年，全世界5%的轿车和卡车将使用生物燃料，这相当于高达每天320万桶燃料。如果生产继续发展而技术没有进步，将意味着生物燃料生产可能会消耗掉当前全世界全部农业用水的20%。2007年美国《能源独立与安全法案》授权，2015年每年生产玉米乙醇570亿升，2022年每年额外再生产606亿升生物燃料。

生产4个新的橡胶轮胎需要7850升水

　　购买价格为1美元的工业产品的整体平均水足迹为12升。制造1千克合成橡胶需要459升虚拟水，为你家的轿车制造和配置4个新轮胎的总水足迹可能超过7850升。

平均每辆轿车的一生耗水量为 　　**69 033升**

汽车生命周期的用水

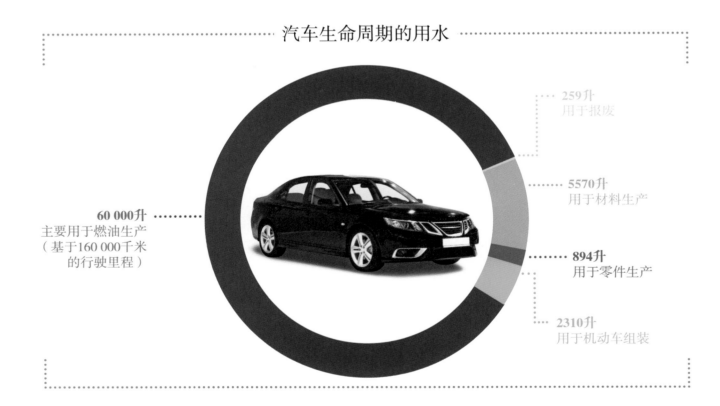

259升
用于报废

5570升
用于材料生产

60 000升
主要用于燃油生产
（基于160 000千米
的行驶里程）

894升
用于零件生产

2310升
用于机动车组装

一辆典型的轿车的水足迹包括了用于材料生产、零件生产、机动车组装、机动车使用和报废时处理和回收的用水。这一分析发现最多的耗水量产生于驾驶期间（87%），而这一期间的水足迹又主要来自燃料生产所需的水量。

生产1千克纸需要

3000升水

纸浆和纸制品产业**生产1吨产品使用的水**
比其他任何产业都多

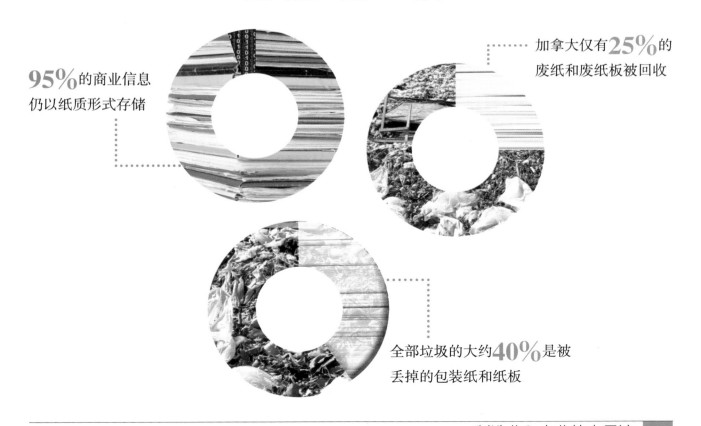

95%的商业信息
仍以纸质形式存储

加拿大仅有**25%**的
废纸和废纸板被回收

全部垃圾的大约**40%**是被
丢掉的包装纸和纸板

每年有540万吨
纸和纸板被生产

全球人均用纸量为
48千克

在美国每年有超过**3.59亿**
本杂志、20亿本书
和**240亿份报纸**
被出版

每个互联网用户平均每天
用去**28**张纸打印文件

一名普通的美国律师每年使
用**900千克**纸

纸浆和纸制品产业是工业国家仅次于发
电的第二大用水户。被排放的废水和毒物使
得该产业成为世界上最臭名昭著的污染者。

制造纸浆和纸的几乎每个步骤的耗水量都是
惊人的——平均1千克成品纸用水3000升。

全球 **43%** 用于灌溉的水是地下水

为了灌溉提取地下水最多的国家

3900
万公顷

印度

1700
万公顷

美国

三分之一的世界人口依靠地下水生存，目前地下水的最常见用途是灌溉。为了灌溉提取最多地下水的国家是印度，为3900万公顷；美国为1700万公顷。地下水在全部灌溉用水中的比例在不断增长，导致了几千年才能蓄满的含水层的枯竭。

全球淡水提取量的70%用于灌溉

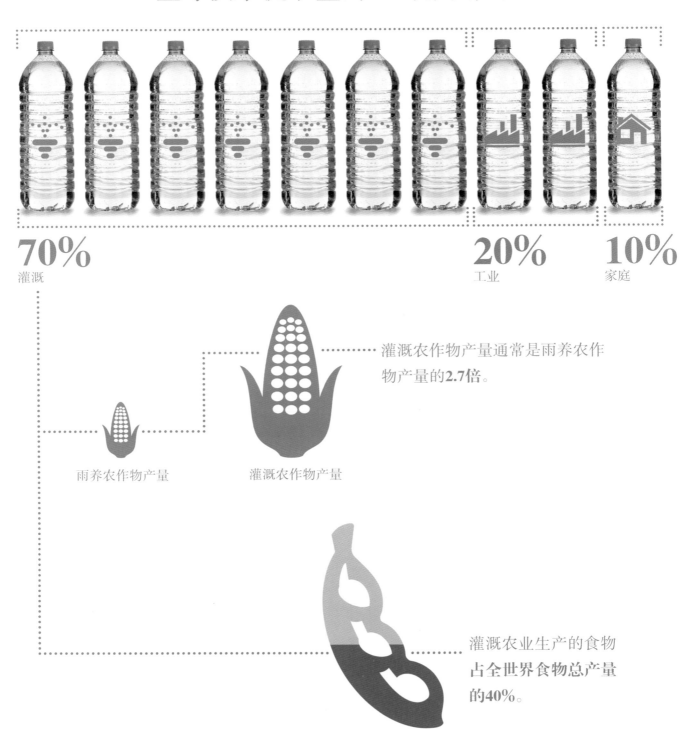

70%
灌溉

20%
工业

10%
家庭

灌溉农作物产量通常是雨养农作物产量的**2.7倍**。

雨养农作物产量

灌溉农作物产量

灌溉农业生产的食物**占全世界食物总产量的40%**。

全球淡水总消耗量与食物生产有极大的相关性，因为农作物灌溉用水占到了每年蓝色水提取量的70%。灌溉农作物产量通常是雨养农作物产量的2.7倍。虽然灌溉农业仅消耗了每年农用蓝色水和绿色水（雨水）总量的20%，但它提供了全球食物总产量的40%。

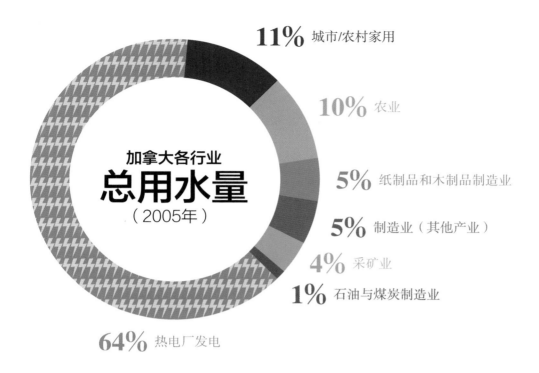

11% 城市/农村家用

10% 农业

5% 纸制品和木制品制造业

5% 制造业（其他产业）

4% 采矿业

1% 石油与煤炭制造业

加拿大各行业
总用水量
（2005年）

64% 热电厂发电

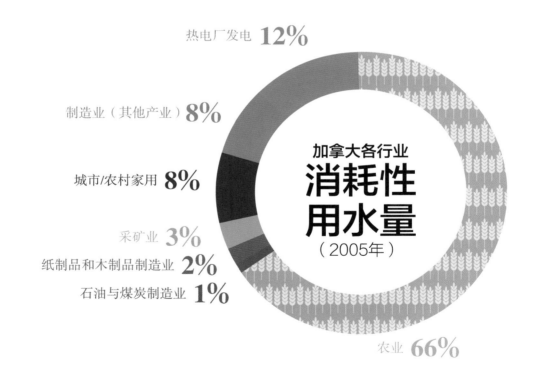

热电厂发电 **12%**

制造业（其他产业）**8%**

城市/农村家用 **8%**

采矿业 **3%**

纸制品和木制品制造业 **2%**

石油与煤炭制造业 **1%**

加拿大各行业
**消耗性
用水量**
（2005年）

农业 **66%**

总用水量指的是使用后回到源头的水。消耗性用水量是指从源头实际提取并不再返回的水。热电、核能与化石燃料的发电设施提取了大量冷却水。农业用水中绝大多数用于农作物灌溉和牲畜饲养。

制造业和农业的水足迹 **103**

美国工业用水的 **40%** 用于冷却电厂

在工业国家，工业通常
每年会消耗超过半数
可供人类**使用的水**

比利时每年有

85%

的水用于
工业

电厂冷却占美国全部工业用水的40%。在日常发电时每分钟所使用的数亿升水中，大部分都回到了其源头。其余的水都通过蒸发流失了，这一点在水电厂尤其显著。

一个旅馆房间的
每日用水平均约为

760
升

一个拥有250个房间的旅馆每天只为洗衣就要加热
40 000升水

这几乎是一辆18轮液罐车的水箱容积

平均每个旅馆房间每天会消耗大约760升水。尽管一个旅馆用水最多的地方在于淋浴（56%），但一个拥有250个房间的旅馆平均每天只为洗衣会加热大约40 000升水——几乎是一辆18轮液罐车的容量。据估计，美国旅馆每日洗衣用水为45亿升。

罗马公用喷泉式饮水器
（**nasone**）的数量为

2500个

初建于1874年

佩斯基耶拉水库

罗马

其中**280**个位于罗马
历史中心区

水在从nasone冒出之前流过了
110千米

　　高约1米、铸造坚实的铁管为人们分配着纯净甘洌的淡水，罗马的喷泉式饮水器是一个工程学的奇迹。它们由于其水嘴的形状被命名为nasone（"大鼻子"），其中最早的20个建于1874年，从此成了城市的符号。目前的大约2500个喷泉式饮水器形成了世界上分布最广的免费饮用水网络之一。nasone的水来自佩斯基耶拉的泉水，它们距离罗马大约110千米。

墨累达令盆地

的面积相当于

法国 和 西班牙

的面积之和

这里的农业产出

占澳大利亚
农业年产出的40%

2006年

这些农场使用了该盆地淡水提取总量的 **83%**

墨累达令盆地是澳大利亚最大的两条河的集水区，这两条河即2740千米长的墨累河与2520千米长的达令河。该盆地的面积等于法国和西班牙之和，提供了澳大利亚农业年产出的40%，其主要农产品为牲畜、乳品、棉花和水稻。2006年，有61 033家农场在该盆地经营，使用了该盆地总淡水提取量的83%。

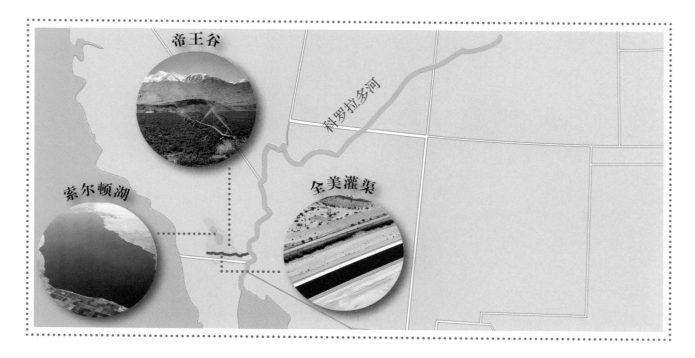

帝王谷

科罗拉多河

全美灌渠

索尔顿湖

科罗拉多河每年用于灌溉加利福尼亚州帝王谷的水量为

3.7立方千米

帝王谷年生产

农作物价值
超过10亿美元

冬季美国水果和蔬菜的**80%**

美国帝王谷是一片被沙漠环绕的肥沃农田形成的绿洲，它创建于20世纪30年代，当时巨大的帝国大坝在加利福尼亚州和亚利桑那州的边境被建立。如今帝王谷是美国生产力最高的农业地区之一，农作物年产出价值超过10亿美元。帝王谷的农场的用水几乎全部都来自科罗拉多河。每年有多达3.7立方千米的科罗拉多河水被用于灌溉谷中的农田。

堪萨斯州用水中
地下水的比例为
77.8%

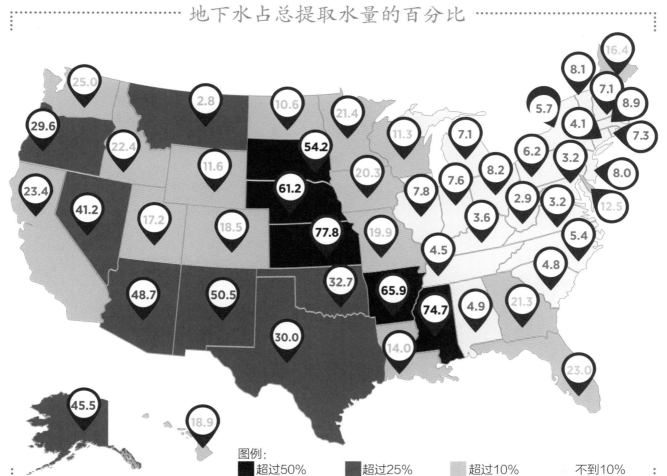

地下水占总提取水量的百分比

图例：
■ 超过50%　■ 超过25%　■ 超过10%　不到10%

美国西南部较干旱的沙漠各州所需农业、工业和家庭用水的一半提取自地下水源。由于其半干旱气候、有限的地表水供应量和集约型的小麦农业，堪萨斯州依靠日益缩减的奥加拉拉含水层地下水来提供给它超过四分之三的用水。五个州——加利福尼亚州、得克萨斯州、内布拉斯加州、阿肯色州和爱达荷州——使用了将近一半（48.2%）的美国地下水日提取量。

结论
水和未来

农业用水占人类用水总量的75%～85%。准确地说，这些水有多少呢？请想象一下一条深10米、宽100米的运河。考虑到巴拿马运河才不到35米宽，这算得上是一条非常大的运河了。为了装下每年用来种植食物的水量，我们想象中的运河得有800万千米长。这一长度能绕地球192圈。

为了满足21世纪末将新增的20亿或30亿人口的粮食需求，我们用来供给农业的运河将还得再延伸400万至500万千米。然而目前根本没有足够的淡水能填满一条1200万至1300万千米的运河。我们单单是为了填满当下这条想象中的运河已经竭尽全力了。

世界许多地区的成功和繁荣与水资源的透支直接相关。这种状况不能再继续了。美国西南部、地中海地区、中东和非洲南部国家以及印度的部分地区等，都处在"水资源泡沫"中——它们目前的用水速度是不可持续的。在过去的50年中，廉价的能源和技术使人们能够在不考虑水资源的自然限制或可持续产量的情况下调动大量的水。由于温度升高以及气候变化导致的降水模式变化，这些水资源泡沫开始破裂。

在过去的一个世纪中，全球平均温度上升了0.8摄氏度。这种上升主要是由于化石燃料燃烧排放了大量二氧化碳（CO_2）。测量数字表明，现在大气中的二氧化碳比1900年乃至之前数百万年多42%。二氧化碳是捕获太阳热量的主要温室气体。因此，由于能够捕获太阳热量的二氧化碳在大气中迅速增加，它不可避免地对气候产生重大影响。其中一个比较容易测量的影响是气温升高。

加拿大现在的温度升高了1.6摄氏度，其北部地区的温度升高了2.5～3摄氏度。美国的平均温度升高了1摄氏度，在其阿拉斯加地区则更高。我们已经开始体验到这种影响，包括极端气温尤其是热浪的升高，以及降水模式的变化，包括越来越长的干旱期和越来越大的洪水。

水资源泡沫的破裂和新的常态

2012年，美国遭受了50年来最严重的干旱，近三分之二的美国地区面临水资源缺乏。该国许多地区实行了定量配给和用水禁令。由于水的限制，美国发电厂的运营和石油与天然气钻探不得不进行缩减。

加利福尼亚州、西南部和中西部各州最近的干旱是持续了大约13年的大旱灾的一部分。在2004—2014年中，由于水资源短缺，美国至少有80 000平方千米的农田停止灌溉。在2000—2014年，即使是拥有全球20%淡水的五大湖，也处于创纪录的低水位。这是由于气候变化引起的气温升高所导致的新的常态。在2014年，气候学家已经计算得出，美国西部和加拿大南部大部分地区在未来几年内将面临更干旱的气候条件。从历史上看，这些地区天然干旱；在过去的2000年中，持续数十年的特大干旱十分常见。气候变化只会使这种天然干旱变得更糟。

2013年，美国加利福尼亚州经历了历史上最严重的干旱。即使在农业耗水量削减了50%之后，也有将近2500万人被告知用水不足。到2014年年初，该地区陷入了干旱紧急状态。内华达山脉——加利福尼亚的"水塔"——几乎没有积雪了，这些山脉通常储存着大量的冬季冰雪，它们在春季和夏季将成为至关重要的淡水。

受2013—2014年干旱影响最严重的产业是加利福尼亚州的农业，该产业提供了美国所有水果、蔬菜和坚果的近一半，总产值为447亿美元（2012年）。加利福尼亚州的农场用水约占该州用水的80%，这些水是通过一个复杂的河流、运河和水库系统从其自然源头调到其他地区的。水很重，因此长距离、大体积地调动水会消耗大量能量。不足为奇的是，该州全部能源的20%被用于调动水。

在干旱的年份，尤其是在这次创纪录的大旱期间，农民抽取了大量的地下水。城市地区和工业也使用地下水；在干旱年份，该州用地下水满足了其60%的用水需求。在加利福尼亚州，地下水不仅是免费的，而且没有关于用水的实际限制。于是，该州地下水的消耗速度远远快于其自然补给速度。随着水从地下被排干，大片区域正在下沉或塌陷。据科学家估计，如果不大幅减少取水量，加利福尼亚州距离地下水全部耗尽就只剩下二三十年了。

由于取水量超出了可持续能力范围，许多西部和中西部州也生活在"水资源泡沫"中。位于从北部的南达科他州到南部的得克萨斯州这八个州的地表以下、面积近50万平方千米的奥加拉拉含水层的水位正在下降。这是世界大型地下淡水水库之一，主要被12 000年前覆盖北美的深厚冰层的融化水填充。在美国，奥加拉拉含水层供应了所有灌溉用水的30%。

自1960年以来，奥加拉拉含水层的水位一直在下降，现在约有三分之一已经消失。按照目前的速度，含水层将在不到50年的时间里消失殆尽，这将对美国的粮食生产造成毁灭性的打击。水资源专家建议立即减少20%的提取量以延长其寿命。在这个困境中，美国并不孤单。至少包括印度在内的另外17个国家（占世界人口的一半以上）生活在"水资源泡沫"中，它们通过消耗其水资源储备来生产食物。

由于加利福尼亚州有3800万人并且水资源缺乏状况日益严重，因此很可能成为美国第一个被迫和正在崩溃的"水资源泡沫"作斗争的州。许多加利福尼亚州的农民说，他们将无法再撑过一年的干旱。加利福尼亚州90%以上的水足迹与农产品有关。肉类和奶制品产业占该州水足迹的近一半，这是因为饲养牲畜需要大量耗水的饲料。

家庭直接用水占该州水足迹的4%，其中大部分用于给草坪和花园浇水。在该州，家庭用水的差异很大。在萨克拉门托市，一半的房屋仍没有水表，居民每人每天使用1000升水，而旧金山的居民则仅使用400升水。同时，棕榈泉市在沙漠中拥有大面积的绿色草坪和茂密的高尔夫球场，那里每天每人平均消耗2780升水，是圣何塞和洛杉矶居民的5倍。

在整个北美，草坪和花园用水占普通家庭用水的一半，而在美国西南部干旱地区则更多。占据了1660万公顷的草坪，是美国最大的灌溉"农作物"。草坪也是过量使用化肥和杀虫剂造成水污染的主要来源。据加利福尼亚州水务代理商协会估计，除雨水外，一块90平方米的小草坪每年需要浇水约132 500升。

水资源的全球贸易

美国和加拿大是小麦、玉米、大豆以及肉制品和其他食品的主要出口国。所有这些都需要大量的水才能生长，这意味着食品出口实际上是水资源的出口。这些虚拟水的出口量估计相当于密西西比河年流量的

2倍以上。由于虚拟水几乎被嵌入了所有事物，由谷物、家具、电子产品等构成的浩大的"虚拟水河流"正从地球上的一个国家流向另一个国家。

美国是最大的进口国，其购买的产品和服务比出口多出4720亿美元。这意味着，与许多欧洲国家一样，美国实际上进口的虚拟水多于出口的虚拟水。

令人惊讶的是，澳大利亚作为地球上最干旱的大陆，是世界上最大的虚拟水净出口国，其形式为小麦、棉花、煤炭和其他产品。加拿大是第二大净出口国，主要形式是食品和能源。作为加拿大最干旱的省份之一的阿尔伯塔省，每年以肉类、谷物和石油的形式出口近170亿立方米虚拟水，而美国购买了这些产品中的最大份额。

从某个层面来看，全球贸易只是用货币换水和用

水换货币的交易。许多国家（尤其是中东国家）必须以金钱换取水，因为它们没有足够的水来种植自己的食物。这些国家包括以色列、利比亚、科威特、卡塔尔、约旦、埃及和沙特阿拉伯。沙特阿拉伯曾经自己生产大部分粮食，甚至出口小麦等农作物。在沙漠的深处，存在着一系列古老的含水层，其大小足以容纳伊利湖中的所有水。但是，经过40年的抽取并且几乎没有回水，沙特阿拉伯现在几乎没有水了，因为那里很少下雨。

沙特阿拉伯放弃了"实现粮食自给自足"的目标。2013年，它决定停止种植小麦。该国越来越依赖粮食进口，为确保这些进口，它正花费数千万美元购买非洲、巴基斯坦和菲律宾的广大农田。沙特阿拉伯本身拥有很多土地——因此它其实是在买水。

与大多数国家一样，埃及无法在其境内制造或寻找更多的水，但它可以更好地管理水资源。它是世界第二大橙子出口国，在2013年出口了99.8万吨橙子。由于1吨橙子的水足迹为500 000升，所以埃及正在通过出售橙子向其他国家出售大量水。

干旱国家向潮湿国家出售富含水的食物和产品的最大原因是，水的价值被严重低估。在许多地方，包括美国和加拿大，水要么免费，要么价格低得可笑。加拿大的瓶装水公司只需为每100升水支付3.71美元。在遭受干旱的加利福尼亚州，任何人都可以抽出他们想要的所有地下水——不收费，没有限制，没有法规可言。

几乎每个国家都在补贴水和能源的成本。在许多地方，农业和工业企业主使用不可持续的水资源利用方法，政府甚至会为此付出大量能源成本。最终购买者将以低成本产品的形式受益于这些补贴。然而，包括枯竭或污染的水道的影响在内的实际成本并未传递给最终购买者。从孟加拉国进口的牛仔裤价格为6美元，其中并不包括水污染和地下水位下降的成本。

全球贸易体系忽略了这些成本及其影响，导致全世界以不可持续的方式用水。因此，最终结局就是亚洲和非洲贫穷的干旱国家向加拿大和美国等富裕的潮湿国家出售富含水的产品。但是，以食品和其他产品形式进行的水资源的国际性转运已成为必要。约旦进口的虚拟水量是其在自己境内可持续抽取水量的6倍。解决方案不是停止虚拟水贸易，而是将其转变为节水贸易。这意味着要适当地评估和管理水资源。

关于水的严重冲突大多数是局部或区域性的，并且通常是管理不善的结果。叙利亚就是一个例子。水资源管理不善是叙利亚内战的原因之一。在过去的50年中，叙利亚以及整个中东和地中海地区的冬季明显干燥。几乎可以肯定，这是全球变暖的结果，全球变暖往往使干旱地区变得更干燥，而潮湿地区变得更潮湿。仅在2010—2012年，水资源缺乏就引发了印度、巴基斯坦、巴西、阿富汗、苏丹和其他十几个国家的冲突。

气候变化将使世界许多地方的粮食种植更加困难。加之人口不断增加，局部冲突的数量肯定会增加。只有通过合作和尽责的水资源管理，包括确保大自然拥有足够的水，才有可能阻止这个未来的严峻态势。在过去的一些年，对水的普遍关注曾经使不同民族和国籍的人民团结在一起，以保护和恢复约旦河谷。不幸的是，这并未使得以色列与加沙在政治方面的水陆冲突上取得优势。

为大自然保留足够的水对于我们的健康和繁荣至关重要。经济学理论将环境视为经济的子集，人们每天都会在其基础上做出政治和商业决策，但现实却完全相反：我们建立的经济体系完全取决于自然环境。结果是，对生态学无知的政策导致了气候变化、荒漠化、灭绝危机、水体和海洋污染以及森林破坏。当基本的生命支持系统被不断破坏时，我们星球上的人的生存将无法维持。

水是我们社会各个方面的基础。如果没有对水和对生态问题的高度理解，任何人都不应该拥有权力和影响力，包括政治人物、公职人员和企业领导人。这种素养应该成为每个人基础教育的一部分。

水在整个人类历史大部分时期被置于神圣地位是有充分理由的。我们是时候重新回到这种态度了。

节水提示

从饮食到通勤，我们所做的每一件事都要用到水（其中大量用于生产天然气和能源）。我们穿的衣服需要水才能生产，购买的产品在制造过程中也要用水。我们每天的水足迹不仅仅包括在家中饮用和使用的水。除了选择耗水量较小的产品之外，我们还可以采取措施控制日常活动中水足迹的大小，例如给草坪浇水、洗衣服和冲马桶时。

通过了解我们对水的依赖程度，可以改变自己的做法，这不仅是为了我们的健康，而且是为了形成更好的现代生活方式。我们可以减少浪费、改变习惯并购买节水产品，这些行为既能省水，又能节省金钱。

浴室

- 缩短淋浴时间并限制盆浴。

- 刷牙时不要让水一直流。

- 在水龙头上安装曝气器，并使用节水的淋浴头。

- 用较新的节水马桶代替较旧的马桶，这样每次冲水仅使用6升水。从长远来看，开始的花费是值得的。

- 避免不必要的马桶冲洗。将纸巾和其他此类废物丢弃在垃圾箱中，而非马桶中。

- 通过在水箱中添加色素来检查马桶是否漏水。如果马桶漏水，则在30分钟内颜色会在马桶里出现（测试后应立即冲洗，因为色素可能会染色）。检查是否有磨损、腐蚀或弯曲的零件。大多数替换零件价格便宜、易于获得且易于安装。

- 确保你家的管道无泄漏。许多房屋都有漏水的隐患。检查你的水表，然后停止用水两小时后读取水表。如果读数不完全相同，则有泄漏。

- 通过更换垫圈来维修滴水的水龙头。每秒滴一滴水，每年就会浪费10 225升水，这将增加水和下水道设施的成本且使化粪池系统不堪承受。

- 仅将浴缸注满三分之一的水，以最少的水量洗澡。打开水之前，记得先塞住浴缸下水口。

厨房与洗衣房

- 洗碗机应满载，以达到最佳节水效果。通常无须预先冲洗餐具。

- 用手洗碗时，请勿用流水冲洗。如果你有双水槽，则一侧加肥皂水，另一侧加冲洗水。如果你只有单水槽，则将洗好的碗碟放在架子上，并用喷雾装置或在盛满热水的锅冲洗。

- 将有机废物制成堆肥，而不是使用厨房水槽垃圾处理装置，因为它需要大量的水才能正常运行，并给净化系统和化粪池系统带来压力。

- 清洗蔬菜时不要让水龙头一直流着。在塞住的水槽或一锅清水中清洗它们。

- 外出时随身携带可重复注水的水杯。

- 洗衣服时，避免使用永久压力循环模式，因为这需要额外使用20升水进行额外的漂洗。装载量不满时，调整水位以匹配装载量的大小。更换旧的洗衣设备。节能型洗衣机每次洗衣的用水会减少35%～50%，能耗也会减少50%。如果你打算在市场上购买新的洗衣机，请考虑购买节水的前置式洗衣机。

户外

- 将桶连接到雨水管，以收集檐槽流下的雨水。将收集的水用于浇花园。

- 种植抗旱的草、灌木和植物。如果要种新的草坪或重新播种现有的草坪，请使用抗旱的草类。

- 在斜坡上种植能够保水并减少地表径流的植物。根据浇水需要对植物进行分类。

- 在树木和植物周围覆盖一层护根。护根可以减缓水分蒸发，同时阻止杂草生长。添加5～10厘米的堆肥或护根等有机材料将提高土壤的水分保持能力。沿着每棵植物的滴灌管下压护根以形成轻微的凹陷，这将防止或减少水的流失。

- 避免过度灌溉植物。过度灌溉实际上会影响植物的健康状况并导致叶子发黄。

- 许多美丽的灌木等植物可以在浇水量比其他种类少得多的情况下蓬勃生长。用本地植物代替多年生草本植物的花坛，这些本地植物用水较少并且对本地植物病害的抵抗力更高。对于易保养、抗干旱的院子，考虑应用节水园艺法的原则。

- 妥善放置洒水喷头，以使水降落在草坪或花园上，而不是地面硬化的区域。

- 仅在需要时为草坪浇水。找出草坪是否需要浇水的好方法是踩在草地上，如果你抬起脚时草回弹，则不需要水。如果草一直塌着，草坪就应该浇水了。让草长高到8～10厘米也能促进土壤中的水分保持。

- 向花园土壤中添加有机物质，以帮助增强其吸收和保水能力。已经种植的区域可以用堆肥或有机物质覆盖。

- 大多数草坪每周仅需要约2.5厘米的水。在干旱时期，你可以完全停止浇水：草坪会变成棕色并且进入休眠状态。天气转凉后，早晨的露水和降雨会使草恢复正常的活力。这可能会造成夏季草坪呈棕色，但可以节省大量水。

- 深浸草坪。浇水时，要浇足够长的时间以使水分渗入植物根部，从而发挥最大功效。少量的喷灌会迅速蒸发，并易于使浅的根系生长。将空的金枪鱼罐头盒放在草坪上——当它被灌满时，说明你已经浇水浇到基本恰当的时长。

- 清晨或黄昏浇水可减少由于蒸发造成的水分流失。通常，清晨比黄昏更好，因为这有助于防止真菌生长，并且在清晨浇水也是对抗蛞蝓和其他花园害虫的最佳防御方法。刮风时尽量不要浇水，风可以将水吹离目标并加速蒸发。

- 对灌木、花圃和草坪使用高效的浇水系统。由于不再使用渗水管或简单的滴灌系统，你可以使耗水量大大减少。

- 请使用商用直通式洗车机。它们大多数使用再生水进行清洁。

- 如果自己洗车，请不要在洗车时使用软管。首先，用一桶肥皂水清洁汽车。仅将软管用于冲洗，这种简单的做法最多可以节省570升水。冲洗时请使用喷嘴，以提高用水效率。

- 将车道和人行道清扫干净，而不是用软管冲干净。

- 检查室外管道、软管、水龙头和接头是否泄漏。房屋外的渗漏看起来不那么严重，因为它们不那么明显，但它们却和室内的渗漏一样浪费。经常检查以确保其不滴水。在阀门和软管连接处使用垫圈以消除泄漏。

生活方式

- 减少驾驶。在加拿大阿尔伯塔省的石油砂中，每桶石油需要大约2.5桶水才能生产，而且大部分用水最终流向有毒的尾矿池，因为它被污染所以无法返回河中。通过减少驾驶，你可以为保护阿萨巴斯卡河等河流做出贡献。

- 在孩子之间建立对节水需求的认识。避免购买耗水类的休闲玩具。

- 注意并遵守你所在地区可能执行的所有节水和缺水的规定和限制。

- 建议身边的人在工作场所促进节水。建议将节水作为员工入职培训和日常培训的一部分。

- 推动你的学校和当地政府在儿童和成人中帮助发展和推广节水道德观。

- 支持能够促进更多再生废水用于灌溉和其他用途的项目。

- 向业主、地方当局或公共工程部门报告所有重大失水情况（破损的管道、开放的消火栓、出错的洒水喷头、废弃的随意出水的井等）。

- 支持各种能够引起你所在地区游客对节水问题的关注的努力和计划。确保游客了解节水的必要性和好处。

- 节约用水，因为这是正确的做法。不要仅仅因为能由其他人负担费用而浪费水，例如在俱乐部或健身房等场所淋浴时。

- 购买二手服装。生产1千克棉花的平均需水量为11 000升，这相当于生产一件纯棉衬衫需要多达2900升水！你可以通过购买二手衣服或穿涤纶来大大减少水足迹，因为涤纶所需的水少得多。

- 支持实践并促进节水的企业。

- 鼓励你的朋友和邻居加入节水社区。在社区通讯中通过布告栏树立榜样促进节水。

- 每天尝试做一件能够节省水的事情。即便节省的水很少，也请不要灰心。每滴水都是重要的，每个人都可以有所作为。因此，告诉你的朋友、邻居和同事"始终记得关闭水源"。

参考文献

Aldaya, M.M., and A.Y. Hoekstra. (2010). "The Water Needed for Italians to Eat Pasta and Pizza." Agricultural Systems 103, no. 6 (July): 351–60. doi:10.1016/j.agsy.2010.03.004.

Allan, Tony. (2011). Virtual Water: Tackling the Threat to Our Planet's Most Precious Resource. London: I.B. Tauris.

Alter, Lloyd. (2014). "Latest look at the Lawrence Livermore graph that tells you everything you need to know about America's energy use".

American Wind Energy Association. (2014). "Wind energy secures significant CO_2 emission reductions for the U.S".

Âpihtawikosisân. (2012). "Dirty Water, Dirty Secret." Apihtawikosisan.com, November 8.

Appropedia. (2013). "Life Cycle Assessment: Cloth vs. Disposable Diapers." Appropedia.org, April 22.

Balliett, James Fargo. (2010). Freshwater: Environmental Issues, Global Perspectives. Armonk, NY: Sharpe Reference.

Barlow, Maude. (2007). Blue Covenant: The Global Water Crisis and the Coming Battle for the Right to Water. Toronto: McClelland & Stewart.

Barlow, Maude. (2013). Blue Future: Protecting Water for People and the Planet Forever. Toronto: House of Anansi Press.

Barlow, Maude, and Tony Clarke. (2002). Blue Gold: The Fight to Stop the Corporate Theft of the World's Water. New York: W.W. Norton.

Bell, Alexander. (2009). Peak Water: Civilization and the World's Water Crisis. Edinburgh: Luath Press.

Berga, Luis. (2006). Dams and Reservoirs, Societies and Environment in the 21st Century. London: Taylor & Francis.

Black, Maggie. (2004). The No-Nonsense Guide to Water. Oxford: New Internationalist.

Black, Maggie, and Jannet King. (2009). The Atlas of Water. 2nd ed. Berkeley: University of California Press.

Brazzale SpA. (2012). "Gran Moravia Is the First Cheese in the World to Set Its Water Footprint." Brazzale.com, September 26.

Brooymans, Hanneke. (2011). Water in Canada: A Resource in Crisis. Edmonton: Lone Pine.

Brown, Lester. (2012). Full Planet, Empty Plates: The New Geopolitics of Food Scarcity. W. W. Norton & Company.

California Department of Agriculture. "CALIFORNIA AGRICULTURAL PRODUCTION STATISTICS".

Biochemistry. 6th ed. Belmont, CA: Cengage Learning.

Canadian Association of Petroleum Producers. (2012). "Water Use in Canada's Oil Sands." Calgary, AB: CAPP.

Carlson, Kathryn Blaze. (2014). "Water level drop expected to hit property values on Great Lakes" Global and Mail.

Ceres. (2014.) "Hydraulic Fracturing & Water Stress".

Chapagain, A.K., and A.Y. Hoekstra. (2003). The Water Needed to Have the Dutch Drink Tea. Value of Water Research Reports, series 15. Delft: UNESCO-IHE.

—. (2004). Water Footprints of Nations. Value of Water Research Reports, series 16. Delft: UNESCO-IHE.

—. (2007). "The Water Footprint of Coffee and Tea Consumption in the Netherlands." Ecological Economics 64, no. 1: 109–18.

—. (2010). The Green, Blue and Grey Water Footprint of Rice from Both a Production and Consumption Perspective. Value of Water Research Reports, series 40. Delft: UNESCO-IHE.

Chapagain, A.K., A.Y. Hoekstra, H.H.G. Savenije and R. Gautam. (2005). The Water Footprint of Cotton Consumption. Value of Water Research Reports, series 18. Delft: UNESCO-IHE.

Chapagain, A.K., and S. Orr. (2008). UK Water Footprint: The Impact of the UK's Food and Fibre Consumption on Global Water Resources. Vol. 1. Surrey, UK: World Wildlife Federation.

Christensen, Randy. (2001). Waterproof: Canada's Drinking Water Report Card. Toronto: Sierra Legal Defence Fund.

—. (2011). Waterproof 3: Canada's Drinking Water Report Card. Vancouver: Ecojustice.

Consumer Reports. (2008). "Shower or Bath: Which Uses More Water?" ConsumerReports.org, August 22.

Container Recycling Institute. (2013). "Bottled Up (2000-2010) - Beverage Container Recycling Stagnates".

Cope, Gord. (2009). "Pure Water, Semiconductors and the Recession." Global Water Intelligence 10, no. 10 (October).

DeBeers. (2010). "Living Up to Diamonds: Report to Society 2010."

De Châtel, Francesca. (2014). " The Role of Drought and Climate Change in the Syrian Uprising: Untangling the Triggers of the Revolution". Middle Eastern Studies, DOI: 10.1080/00263206.2013.850076.

De Villiers, Marcus. (1999). Water: The Fate of Our Most Precious Resource. Toronto: Stoddart.

Diani, Hera. (2009). "The Sewage: Poor Sanitation Means

Illness and High Costs." Jakarta Globe, July 24.

DiBlasio, Natalie. (2014). "Cities spend billions to keep sewage out of your rivers" USA TODAY.

Dishman, Lydia. (2013). "Inside H&M's Quest For Sustainability In Fast Fashion" Forbes.

Diep, Francie. (2011). "Lawns vs. crops in the continental U.S." Science Line.

Susan E. Powers, Joel G. Burken and Pedro J. Alvarez. (2009). "The Water Footprint of Biofuels: A Drink or Drive Issue?" Environmental Science & Technology 43, no. 9 (May): 3005–10. doi:10.1021/es802162x.

Earth Policy Institute. (2012). "Peak Meat: U.S. Meat Consumption Falling".

Environmental Working Group. (2009). "Over 300 Pollutants in US Tap Water." National Drinking Water Database. December.

Environment Canada. (2009a). "How Much Do We Have?" Resources, November 19. (accessed October 31, 2013).

—. (2009b). "Water: No Time to Waste – A Consumer's Guide to Water Conservation." Resources, November 26. (accessed October 31, 2013).

—. (2011). "Groundwater." Resources, February 15. (accessed October 31, 2013).

—. (2012). "Withdrawal Uses." Resources, June 13. (accessed April 15, 2013).

FAO Water Development and Management Unit. (2011). "Crop Water Information: Tomato." Natural Resources and Environment Department. November 25. (accessed October 31, 2013).

Fishman, Charles. (2011). The Big Thirst: The Secret Life and Turbulent Future of Water. New York: Free Press.

Foster, Stephen, Adrian Lawrence and Brian Morris. (1998). Groundwater In Urban Development: Assessing Management Needs and Formulating Policy Strategies. Washington, DC: World Bank.

Gasson, Christopher. (2008). "World Water Prices Rise by 6.7%." Global Water Intelligence 9, no. 9 (September).

Gerbens-Leenes, P.W., A.R. van Lienden, A.Y. Hoekstra and Th.H. van der Meer. (2012). "Biofuel Scenarios in a Water Perspective: The Global Blue and Green Water Footprint." Global Environmental Change 22: 764–75.

Gillam, Carey. (2013). "Ogallala aquifer: Could critical water source run dry?" Reuters (2011). The World's Water. Vol. 7: The Biennial Report on Freshwater Resources. Washington, DC: Island Press.

Global Water Intelligence (2014). "Thirsty energy: the conflict between demands for power and water"

Government of Canada. "Canada's Action on Climate Change" (2013). "Analyzing Environmental Life-Cycle Costs of Diapers." (accessed October 31, 2013).

Gray, Tim. (2014) "The tar sands don't have to pollute the water. So why do they?" Global and Mail.

Habermann, R., S. Moen and E. Stykel. (2012). Superior Facts. Duluth, MN: Minnesota Sea Grant.

Hammond, Michael. (2013). The Grand Ethiopian Renaissance Dam and the Blue Nile: Implications for Transboundary Water Governance. GWF discussion paper 1307. Canberra: Global Water Forum.

Harvey, Christine and Lucia Kassai. (2013). "Ethanol Falls as EPA Considers Scaling Back U.S. Mandate" Bloomberg.

Haugen, David, and Susan Musser. (2012). Will the World Run Out of Fresh Water? Detroit: Greenhaven Press.

Health Canada. (2012). "Canadian Drinking Water Guidelines." Environmental and Workplace Health. November 11. (accessed October 31, 2013).

—. (2013). "Drinking Water and Wastewater." First Nations and Inuit Health. February 26. (accessed October 31, 2013).

Hoekstra, A.Y. (2012). "The Hidden Water Resource Use Between Meat and Dairy." Animal Frontiers 2, no. 2.

Hoekstra, A.Y. (2013): "The Water Footprint of Modern Consumer Society", Routledge.

—. (2013). The Water Footprint of Modern Consumer Society. New York: Routledge.

Hoekstra, A.Y, and A.K. Chapagain. (2007). "Water Footprints of Nations: Water Use by People as a Function of Their Consumption Pattern." Water Resources Management 21, no. 1 (January): 35–48. doi:10.1007/s11269-006-9039-x.

—. (2008). Globalization of Water: Sharing the Planet's Freshwater Resources. Oxford: Blackwell.

Hoekstra, A.Y., A.K. Chapagain, M.M. Aldaya and M.M. Mekonnen. (2011). The Water Footprint Assessment Manual: Setting the Global Standard. London: Earthscan.

Hoekstra, A.Y., and M.M. Mekonnen. (2011). National Water Footprint Accounts: The Green, Blue and Grey Water Footprint of Production and Consumption. Value of Water Research Reports, series 50. Delft: UNESCO-IHE.

Hoekstra, A.Y., M.M. Mekonnen, A.K. Chapagain, R.E. Matthews, B.D. Richter. (2012) "Global Monthly Water Scarcity: Blue Water Footprints versus Blue Water Availability" PLOS one, February 29. DOI: 10.1371/journal.pone.0032688.

Hongqiao, Liu. (2012). "Stormy Weather on Cloud-Seeding." Caixin Online, August 13. (accessed October 31, 2013).

Ibrahim, Abadir M. (2011). "The Nile Basin Cooperative Framework Agreement: The Beginning of the End of Egyptian Hydro-political Hegemony." Missouri Environmental Law and Policy Review 18.

Imperial County Farm Bureau. (2008). "Quick Facts about

Imperial County Agriculture." (accessed November 22, 2013).

International Bottled Water Association. (2013). "2011 Market Report Findings." Statistics, April. (accessed October 31, 2013).

International Energy Agency. (2012). World Energy Outlook 2012.

International Standards Organization. (2013). "No More Waste: Tracking Water Footprints." July 29. (accessed December 4, 2013).

International Telecommunication Union. (2013). "Mobile Subscriptions Near the 7 Billion Mark: Does Almost Everyone Have a Phone?" ITU News 2.

Jacobson, Mark. (2014). "Plans to Convert the 50 United States to Wind, Water, and Sunlight".

Kiger, Patrick J. (2013). "North Dakota's Salty Fracked Wells Drink More Water to Keep Oil Flowing". National Geographic News.

Kostigen, Thomas M. (2010). The Green Blue Book. Emmaus, PA: Rodale.

Kromm, David E., and Stephen E. White. (1992). Groundwater Exploitation in the High Plains. Lawrence: University Press of Kansas.

Lane, Jim. (2013). "Biofuels Mandates Around the World: 2014" Biofuels Digest.

Leahy, Stephen. (2013). "U.S., Malaysia Lead Worldwide "Land Grabs"". Inter Press News.

Levi Strauss & Co. (2009). "A Product Life Cycle Approach to Sustainability." March. (accessed October 31, 2013).

Magill, Bobby. (2103). "Is the West's Dry Spell Really a Megadrought?" Climate Central.

Mekonnen, M.M., and A.Y. Hoekstra. (2010a). "The Green, Blue and Grey Water Footprint of Crops and Derived Crop Products." Hydrology and Earth System Sciences 15, no. 5: 1577–1600. doi:10.5194/hess-15-1577-2011.

—. (2010b). The Green, Blue and Grey Water Footprint of Farm Animals and Animal Products. Value of Water Research Reports, series 48. Delft: UNESCO-IHE.

Mekonnen, M.M., A.Y. Hoekstra and R. Becht. (2012). "Mitigating the Water Footprint of Export Cut Flowers from the Lake Naivasha Basin, Kenya." Water Resource Management 26: 3725–42. doi:10.1007/s11269-012-0099-9.

National Geographic. "Saudi Arabia's Great Thirst".

National Public Radio. (2012). "Congress Ends Era Of Ethanol Subsidies".

National Round Table on the Environment and the Economy. (2010). Changing Currents: Water Sustainability and the Future of Canada's Natural Resource Sectors. Ottawa: Government of Canada (NRTEE).

Natural Resources Canada. (2006). "2003 Survey of Household Energy Use (SHEU): Detailed Statistical Report." Office of Energy Efficiency. (accessed October 31, 2013).

Natural Resources Defense Council. (Revised 2013). "Bottled Water.

— "Atlas of Water".

"Pure Drink or Pure Hype?".

— (2012). "Wasted: How America Is Losing Up to 40 Percent of Its Food from Farm to Fork to Landfill".

The Nature Conservancy and Coca-Cola Company. (2010). "Product Water Footprint Assessments: Practical Application in Corporate Water Stewardship." September.

TCCC_TNC_WaterFootprintAssessments.pdf (accessed October 31, 2013).

Netherwood, Marshall. (2008). "Water Allocations and Use: Alberta Oil and Gas Industry." University of Saskatchewan IP3 Center for Hydrology. March.

Netherwood.pdf (accessed October 31, 2013).

Oki, Taikan. (2010). "Issues on Water Footprint and Beyond." Institute of Industrial Science, University of Tokyo. June 3 (accessed October 31, 2013).

Organic Trade Association. (2012). "Organic Cotton Facts".

Owens, Caitlin. (2014). "California's drought getting even worse, experts say" Los Angles Times.

Pacific Institute. (2007). "Bottled Water and Energy: A Fact Sheet." February.

— 2009. "Energy Implications of Bottled Water".

— 2012. "Assessment of California's Water Footprint".

— 2012. Water Conflict Chronology List. (accessed October 31, 2013).

Payne, Heather. NEXUS 2014: WATER, FOOD, CLIMATE AND ENERGY CONFERENCE, MARCH 5-8, 2014 University of North Carolina.

Phillips, Ari. (2014). "The Ivanpah Solar Power Plant Uses Relatively Little Water". Clean Technica.

Polaris Institute. (2009). "Murky Waters: The Urgent Need for Health and Environmental Regulations of the Bottled Water Industry." Ottawa: Polaris Institute.

Pushak, Nataliya, and Vivien Foster. (2011). Angola's Infrastructure: A Continental Perspective. Policy Research Working Paper 5813. Washington, DC: World Bank.

Qiu, Jane. (2010). "China Faces Up to Groundwater Crisis." Nature 466, no. 7304 (2010): 308. doi:10.1038/466308a.

Ravasio, Pamela. (2012). "How can we stop water from becoming a fashion victim?" The Guardian.

Rogers, Paul and Nicholas St Fleur. (2014). "California

Drought: Database shows big difference between water guzzlers and sippers" San Jose Mercury News.

Rogers, Paul. (2014). "California drought: Tips for conserving water" San Jose Mercury News.

Rogers, Peter, and Susan Leal. (2010). Running Out of Water: The Looming Crisis and Solutions to Conserve Our Most Precious Resource. New York: Palgrave MacMillan.

Romm, Joe. (2014). "Leading Scientists Explain How Climate Change Is Worsening California's Epic Drought" Climate Progress.

Rooney, Anne. (2009). Sustainable Water Resources. Minneapolis: Arcturus.

Royal Bank of Canada. (2013). "RBC Canadian Water Attitudes Study." About RBC, March 20 (accessed October 31, 2013).

Ruini, L., M. Marino, S. Pignatelli, F. Laio and L. Ridolfi. (2013). "Water Footprint of a Large-Sized Food Company: The Case of Barilla Pasta Production." Water Resources and Industry 1/2 (March–June): 7–24.

SAE International. (2012). Quantifying the Life Cycle Water Consumption of a Passenger Vehicle. January. 2012-01-646. SAE International.

Salzman, James. (2013). Drinking Water. Overlook Duckworth.

Shiklomanov, I.A., and John C. Rodda. (2003). World Water Resources at the Beginning of the 21st Century. Cambridge: UNESCO/Cambridge University Press.

Shiva, Vandana. (2002). Water Wars: Privatization, Pollution and Profit. Toronto: Between the Lines.

Sidahmed, Alsir. (2013). "Saudi moves mirror Arab food security issues". Arab News.

Siebert, S., et al. (2010). "Groundwater Use for Irrigation: A Global Inventory." Hydrology and Earth System Sciences 14: 1863–80. doi:10.5194/hess-14-1863-2010.

Soil & More International BV. (2011). "Water Footprint Assessment: Bananas and Pineapples." Dole Corporate Responsibility and Sustainability (accessed November 1, 2013).

Spilsbury, Louise. (2010). Threats to Our Water Supply: Can The Earth Survive? New York: Rosen.

Stockdale, Charles B., Michael B. Sauter and Douglas A. McIntyre. (2010). "The Ten Biggest American Cities That Are Running Out of Water." 24/7 Wall Street, October 29. (accessed December 3, 2013).

Strassman, Mark. (2010). "America's Dwindling Water Supply." CBS Evening News, January 9. (accessed November 1, 2013).

Struzik, Ed. (2013) "With Tar Sands Development, Growing Concern on Water Use." Yale 360.

Sustainable Energy For All. (2013) "Universal Energy Access".

Swain, Ashok. (2011). "Challenges for Water Sharing in the Nile Basin: Changing Geo-politics and Changing Climate." Hydrological Sciences Journal 56, no. 4: 687–702. doi:10.1080/02626667.2011.577037.

Thirlwall, Claire. (2011). "Is Water Use in the Chocolate Industry Excessive?" Urban Times, November 29. (accessed October 31, 2013).

Transports Québec. (2013). "Water Levels in the St. Lawrence River." Climate Change (accessed October 31, 2013).

United States Department of Agriculture. (2013). "Egypt." Foreign Agriculture Service.

United States Energy Information Agency. (2012). FAQs.

United States Environmental Protection Agency. (2012). "The Great Lakes: An Environmental Atlas and Resource Book." June 25. (accessed November 1, 2013).

—. (2013). "Indoor Water Use in the United States." WaterSense, June 20. (accessed December 1, 2013).

United States Fish and Wildlife Service. (2013). "Species Reports." Environmental Conservation Online System (accessed November 1, 2013).

United States Geological Service. (2009). Estimated Use of Water in the United States in 2005. USGS circular 3144. Reston, VA: US Geological Service.

—. (2013). "Water Properties and Measurements." USGS Water Science School. March 14. (accessed November 1, 2013).

U.S. Global Change Research Program. (2014). Third National Climate Assessment.

Union of Concerned Scientists. (2010). "How It Works: Water for Power Plant Cooling." Clean Energy. (accessed November 1, 2013).

United Nations. (2010a). "General Assembly Adopts Resolution Recognizing Access to Clean Water, Sanitation." GA/10967, July 28. (accessed November 1, 2013).

—. (2010b). "Resolution Adopted by the General Assembly on 28 July 2010. 64/292: The Human Right to Water and Sanitation." August 3.

United Nations Development Programme. (2006a). Human Development Report 2006. Beyond Scarcity: Power, Poverty and the Global Water Crisis. Geneva: UNDP.

—. (2006b). Niger Delta Human Development Report. Geneva: UNDP.

United Nations Water Decade Programme on Advocacy and Communication. (2012). The Human Right to Water and Sanitation. Geneva: UNW-DPAC/WSSCC.

United Nations World Water Assessment Programme. (2012). World Water Development Report 4: Managing

Water under Uncertainty and Risk. Geneva: UNESCO-WWAP.

University of California. (2011). "Imperial County Agriculture." University of California Cooperative Extension. ceimperial.ucanr.edu/files/96429.pdf (accessed November 22, 2013).

UPM-Kymmene Corporation. (2011). From Forest to Paper: The Story of Our Water Footprint. Helsinki: UPM-Kymmene.

US Environmental Protection Agency. "Water Sense".

US Geological Survey. "How much water is there on, in, and above the Earth".

van Oel, P.R., and A.Y. Hoekstra. (2012). "Towards Quantification of the Water Footprint of Paper: A First Estimate of Its Consumptive Component." Water Resource Management 26: 733–49. doi:10.1007/s11269-011-9942-7.

Vasil, Andrea. (2013). "Who's Water? Our Water" NOW.

Water Footprint Network. "Product Gallery" .

Waterwise. (2011). "Showers vs. Baths: Facts, Figures and Misconceptions." News, November 24. (accessed November 1, 2013).

Wissing, Carolyn. (2014). "Land grabbing: the real cost of buying cheap". Deutche Welle.

Wolf, Aaron T., Shira B. Yoffe and Mark Girodano. (2003). "International Waters: Identifying Basins at Risk." Water Policy 5: 29–60.

Workman, James G. (2010). Diminishing Resources: Water. Greensboro, NC: Morgan Reynolds.

World Bank Databank.

— 2013 "Thirsty Energy: Securing Energy in a Water-Constrained World".

—2008 "A note on rising food prices".

World Business Council for Sustainable Development. (2006). Water Facts and Trends. Geneva: World Business Council for Sustainable Development.

World Economic Forum. (2011). Water Security. Island Press

Worldwatch Institute. (2004). "Matters of Scale: Planet Golf." Worldwatch Magazine 17, no. 2 (March/April) (accessed October 31, 2013).

— (2010) "Study Finds Rich U.S. Energy-Efficiency Potential".

World Trade Organization. (2013). "International Trade Statistics 2013".

World Wildlife Fund. "Cotton: a water wasting crop".